今すぐ使えるかんたん

JN044111

WordPress
やさしい入門

6.x
対応版

Imasugu Tsukaeru Kantan Series
WordPress Yasashii-Nyumon

ブロックエディター対応

技術評論社

本書をお読みになる前に

❧ はじめに ❧

ホームページ制作（Webサイト制作）において、WordPressはとても人気があり、個人のブログから企業のホームページまで幅広く使われています。なぜそんなに人気があるかと言うと、初心者から上級者まで幅広いレベルのユーザーが利用しやすい設計だからです。また、カスタマイズして思い通りに作成することができ、プログラムの改変も自由にできるためです。

しかしながら、その自由度の高さはメリットとなる一方で、テーマの変更に際して注意が必要な側面もあります。テーマが異なると、操作方法が変わることがあるため、つまずいてしまう可能性があるのです。そのため、最初にWordPressの基本操作を学ぶことはとても重要となります。

本書は、最新のWordPressの基本操作を解説しています。これからWordPressを覚えようとする人に向けて、本文の構成にこだわりました。まず、Chapter 1〜3で、投稿までの操作方法を解説します。Chapter 4では、さまざまなブロックの使い方を覚えていただきます。ブロック操作に慣れてきたら、Chapter 5のパターンです。パターンは、複数のブロックで構成されているため、Chapter 4で学習した内容の演習となります。そして、Chapter 6では、話題の「フルサイト編集」特有の操作方法を説明します。この部分は、はじめての人には難しい操作もありますが、このChapterを突破することで一気にレベルアップできるのでがんばってください。Chapter 7は、ホームページの運用と管理について、Chapter 8は、よくある質問・疑問を取り上げました。

1冊を読み終えると、WordPressの基本操作をマスターできるようになっています。そして、その頃にはきっとワンランク上のホームページを作りたくなっていることでしょう。一からやり直したいときには、Chapter 8の最後にWordPressをリセットする方法を載せたので、参考にしてください。本書を通して、ホームページ作りの楽しさ、そしてWordPressでのホームページ制作に魅力を感じてもらえたら幸いです。

最後になりましたが、解説に使用する写真をご提供いただいたインスタグラマーのHatsumiさん（@honeycafe8）、技術評論社編集部の皆様、ご尽力いただいたすべての皆様に心より感謝申し上げます。

2023年9月　桑名 由美

［執筆環境］ Windows 11、iOS 16.6、Android 13

本書の使い方

本書は、WordPressの使い方を解説した書籍です。
本書の各セクションでは、画面を使った操作の手順を追うだけで、
WordPressの各機能の使い方がわかるようになっています。
操作の流れに番号を付けて示すことで、操作手順を追いやすくしてあります。

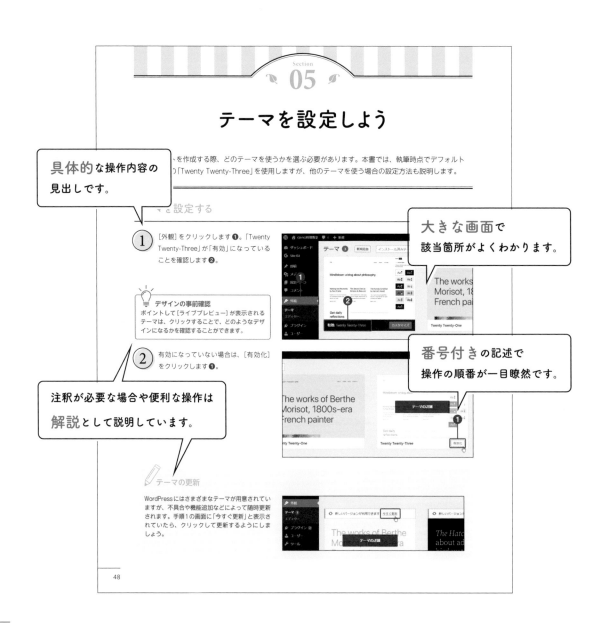

具体的な操作内容の
見出しです。

大きな画面で
該当箇所がよくわかります。

番号付きの記述で
操作の順番が一目瞭然です。

注釈が必要な場合や便利な操作は
解説として説明しています。

Section
05

テーマを設定しよう

、を作成する際、どのテーマを使うかを選ぶ必要があります。本書では、執筆時点でデフォルト
の「Twenty Twenty-Three」を使用しますが、他のテーマを使う場合の設定方法も説明します。

� 設定する

① ［外観］をクリックします❶。「Twenty
Twenty-Three」が「有効」になっている
ことを確認します❷。

💡 **デザインの事前確認**
ポイントして［ライブプレビュー］が表示される
テーマは、クリックすることで、どのようなデザ
インになるかを確認することができます。

② 有効になっていない場合は、［有効化］
をクリックします❶。

✏ テーマの更新
WordPressにはさまざまなテーマが用意されてい
ますが、不具合や機能追加などによって随時更新
されます。手順1の画面に「今すぐ更新」と表示さ
れていたら、クリックして更新するようにしま
しょう。

サンプル画像のダウンロード

本書の解説で作成しているホームページで利用している画像は、以下のURLのサポートページからダウンロードすることができます。

> https://gihyo.jp/book/2023/978-4-297-13625-3/support

画像のダウンロードには、以下のIDとパスワードの入力が必要です。

ID	WP6
パスワード	wordpress13625

なお、本書の提供する画像は、はつみさんにご提供いただいたものになります。画像は、書籍を購入いただいた方、また非商用目的でのみ利用することができます。画像の著作権ははつみさんが所有しており、放棄していません。画像の一部もしくはすべてを再配布したり、改変して使用することはできません。

また、ダウンロードした画像の使用によって発生したいかなる損害についても、画像の作者、著者および技術評論社は一切の責任を負いかねますのでご了承ください。

目次

Chapter 1　WordPressを始める準備をしよう

Chapter 4　便利なブロックを使おう

Chapter 5 レイアウトを整えるパターンを使おう

Chapter 8 WordPress 困ったときのFAQ

WordPressを
始める準備をしよう

本書では、料理教室のWebサイトを作成しながらWordPressの操作方法を解説します。「WordPressでWebサイトを作るのは難しそう」と思っている人が多いですが、順序に沿って1つずつクリアしていけば大丈夫です。まずは準備から始めましょう。

WordPressを
使えるようにしよう

この章で学ぶこと

WordPress について理解する

WordPressでWebサイトを作れるということはわかっていても、他のWebサイト作成ツールとは何が違うのかを説明するのはなかなか難しいと思います。まずは、「なぜWordPressを使うのか？」「WordPressにはどんなメリットがあるのか？」を理解しましょう。

なぜWordPressが使われるのでしょう？

なぜWordPress？　メリットは？

WordPressに必要なものを確認する

WordPressは、インターネットにつながっていないと始められません。また、パソコンやWebサーバーというものが必要です。

インターネット環境

パソコン

https://
～～

ドメイン・サーバー など

WordPressをインストールする

レンタルサーバーサービスを契約したら、WebサーバーにWordPressをインストールします。そして実際にログインして、自分のWebサイトの管理画面に入れるか否かを確認します。また、ログアウトの方法も覚えましょう。

WordPress について知ろう

これから WordPress を使って Web サイトを作成していきますが、そもそも WordPress がどのようなものかを説明します。多くのユーザーが利用している理由やメリットを知っておけば安心してサイト作りができるはずです。

WordPress って何？

WordPress の公式サイトによると、Web 上の43%のサイトが WordPress を使っているそうです。なぜそんなに WordPress が使われているのでしょうか？

そもそも Web サイト（ホームページ）というのは、HTML という言語でファイルを作成し、インターネット上にアップロードするだけで表示することができます。ですが、その方法では毎回ページを作成し、他のページへのリンクを設定することになるので効率的ではありません。ファイルのアップロードも手間がかかります。

そこで WordPress の登場です。専門的な知識がなくても Web コンテンツの投稿や管理を効率的にできるシステムのことを CMS（Contents Management System）と言いますが、WordPress も CMS の1つです。Web サイト制作がはじめての人でも操作することができ、効率的に見栄えのよいサイトを作れるというのが人気の理由です。

それだけではありません。もし足りない機能があった場合は、「プラグイン」というものを使って追加して使うことができます。たとえば「お問い合わせフォームを作成したい」と思ったら、プラグインを追加することで簡単に作成できるのです。その上、オープンソースソフトウェアなので、自由に改変や再配布ができ、商用にも利用できるという点も多くの人に支持されている理由です。

🔖 WordPress で作成された Web サイト

● さいたまスーパーアリーナ
https://www.saitama-arena.co.jp/arena/

● 株式会社カカクコム
https://corporate.kakaku.com/

WordPressのメリット

⬚ ソフトを購入せずにWebサイトを作成できる

WordPressは専用ソフトを購入する必要はありません。普段使用しているMicrosoft EdgeやGoogle Chromeなどのブラウザを使って、Webサイトを作成・投稿・管理できます。

⬚ テーマが豊富に用意されている

「テーマ」というひな型がたくさん用意されているので、目的や好みに合わせて選ぶことができます。

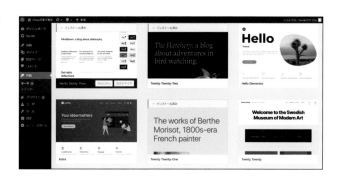

⬚ 複数人で管理ができる

企業や店舗の場合、複数人でWebサイトを管理することがありますが、WordPressを使うと「記事を作成するだけの人」「記事を公開する人」のように分担することもできます。

> **その他のメリット**
> WordPress本体に足りない機能がある場合は、プラグイン（P.200参照）を使って追加することができます。また、ネットの検索結果で上位に表示させるSEO対策がしやすいので、集客アップを期待できます。

✏ WordPressにかかる費用

WordPress本体は、誰でも無料で使えます。必要なのは、レンタルサーバー代（P.26参照）です。また、企業名や店舗名が入ったアドレスにするにはドメインの費用が必要です（P.22参照）。その他、有料のテーマやプラグインもありますが、ひとまず無料で試してみることをおすすめします。

WordPressを使うために
必要なもの

WordPressで作成したWebサイトを見ると、費用をかけて作ったように見えるかもしれませんが、
WordPress本体は誰でも無料で使えます。それ以外に何が必要なのかをここで確認しておきましょう。

WordPressには何が必要なの?

パソコン

WordPressを操作するためにはパソコンが必要
です。スマホでも使えますが、機能が限られて
いるのでWeb制作に本気で取り組むならパソコ
ンを用意しましょう。

 スマホの「WordPress」のアプリ
iPhone用とAndroid用の「WordPress — サイト
ビルダー」というアプリがあります。使い方は、
P.228で紹介します。

インターネット環境

WordPressはインターネット上で使用するので
インターネット環境が必要です。パソコンでイ
ンターネットが使える状態にしておきましょう。

インターネットの通信プラン
普段スマホだけでインターネットを利用してい
る人もいるでしょうが、Webサイト制作は動画
や写真をたくさんアップロードするので、パソ
コンでインターネットが使える環境にしましょ
う。データ通信量に制限があるプランを利用し
ている人は、契約プランを変更することも検討
してください。すでにパソコンでインターネッ
トを使っている人はそのままで大丈夫です。

Webサーバー

インターネット上にファイルを置くためのコンピュータが必要です。通常はレンタルサーバーを契約して使用します。

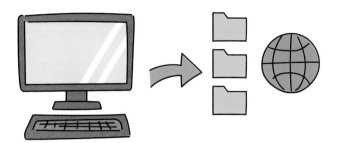

💡 **Webサーバーとは**
インターネット上には、Webサーバーというコンピュータがあり、そのコンピュータにファイルを置くことで、世界中の人が閲覧できるしくみになっています。個人がWebサーバーを用意するには高度な知識と費用がかかるので、ほとんどの人がレンタルサーバーを契約して利用しています。

ブラウザ

WordPressは、専用のアプリをインストールする必要がありません。インターネットでWebサイトを閲覧するときのブラウザで操作します。

💡 **ブラウザとは**
普段インターネットでWebサイトを見るときに使っているアプリがブラウザです。WordPressでサポートされているパソコン用のブラウザは、「Microsoft Edge」「Google Chrome」「Mozilla Firefox」「Safari」「Opera」となっています。

写真やイラストなどの素材

どのような写真またはイラストを使うかによってWebサイトのイメージが大きく変わります。なるべく見栄えのよいものを用意しましょう。

💡 **その他にあると便利なもの**
写真の明るさを調整したり、写真に文字を入れるには、画像編集ソフトがあると便利です。たとえば「Adobe Express」(https://www.adobe.com/jp/express/) や「Canva」(https://www.canva.com/) といったオンラインデザインツールもあるので、利用するとよいでしょう。また、動画を編集する場合は動画編集ソフトが必要です。

WordPress 導入の手順を確認しよう

WordPress をどこから始めたらよいか迷うと思うので、使える状態にするまでの流れを説明します。
Web サイト制作がはじめての人にとっては知らない用語も多いでしょうが、難しく考えずに進めましょう。

WordPress を始めるには

🗋 サイトの目的や構成を決める

なぜ Web サイトを作るのか、どんな構成にするのかを決めます。

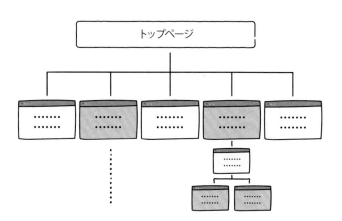

🗋 独自ドメインを取得する

必須ではありませんが、わかりやすいアドレスにするために独自ドメインを取得します（P.22 参照）。

 ドメインとは

Web サイトのアドレスの一部となる「xxx.com」や「xxx.jp」などの部分がドメインです。たとえば、技術評論社のサイト「https://gihyo.jp/」のうち、「gihyo.jp」がドメインにあたります。ドメインを取得しなくても WordPress を使えますが、企業や店舗のサイト、広告収益を目的とするサイトの場合は、検索順位に影響するので取得することをおすすめします。また、SSL 化するにはドメインの取得が必要です（P.32 参照）。

☐ レンタルサーバーの契約をする

Webサイトのデータをネット上に公開するためのサーバーをレンタルします。詳しくはP.26で解説します。

☐ サーバーにWordPressをインストールする

レンタルしたサーバーに、WordPressをインストールします。WordPressを簡単にインストールできる機能が用意されているレンタルサーバーを選ぶと便利です。

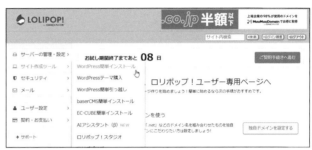

☐ サイトをSSL化する

Webサイトに来てくれた人を安心させるために、データを暗号化して送受信するSSL対応のサイトにしましょう。詳しくはP.32で解説します。

☐ WordPressにログインする

これでWordPressを使う準備ができました。WordPressにログインしましょう。

 WordPress.comとは

通常、WordPressというと「WordPress.org」(https://ja.wordpress.org/)のことを指しますが、「WordPress.com」(https://wordpress.com/ja/)というWordPressがインストールされているブログサービスもあります。アカウントを取得すればすぐに使えて便利なのですが、デザインや収益化に制限があり、自由度が低いのが難点です。本書では「WordPress.org」で作成します。

ドメインを取得しよう

ドメインを取得しなくてもWordPressでWebサイトを作れますが、独自のドメインが入ったアドレスにした方が好印象で、検索サイトでヒットしやすいので、多くの企業や店舗がドメインを取得しています。

ドメインを取得する

① ムームードメイン（https://muumuu-domain.com/）にアクセスします。希望するドメインを入力し❶、［検索する］をクリックします❷。

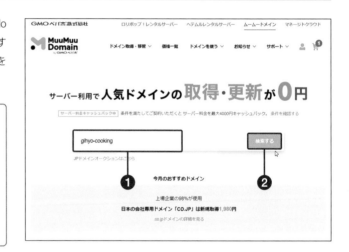

独自ドメイン
レンタルサーバーから提供されるURLは、一部が指定されたドメインになります。たとえばロリポップ！の場合、「https://gihyo.chowder.jp」の「gihyo」の部分は好きな文字にできるのですが、「chowder.jp」の部分は指定されたものから選びます。そこで独自ドメインを取得すると、「https://gihyo.jp」のように、無意味な文字が入らず、短くて覚えやすいURLになります。

② 希望のドメインの金額を確認し、［カートに追加］をクリックします❶。

ドメインの選び方
覚えやすく、人に伝えやすいドメインが理想です。会社や店舗の場合は、会社名や店舗名を入れましょう。「jp」は日本に住所がある個人や企業で、「.co.jp」は日本国内で登記されている企業でないと取得できないドメインなので、どちらも信頼性があることから企業サイトでよく使われます。「.com」や「.net」も人気です。日本語のドメインも可能ですが、グローバル時代ですので英数字にしましょう。費用は、年額が数百円程度のものから10,000円以上のものもあります。人気のドメインは高めに設定されているので、予算に合わせて選択してください。なお、他人が使っているドメインと同じものは取得できません。

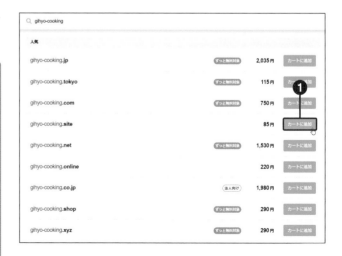

(3) [お申し込みへ] をクリックします❶。

(4) [新規登録する] をクリックします❶。

(5) メールアドレスと任意のパスワードを入力し❶、[利用規約に同意する] にチェックをつけて❷、[本人確認へ] をクリックします❸。

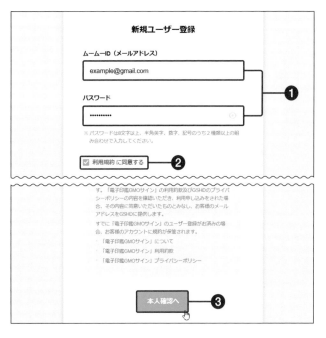

ムームードメインとは
ムームードメインは、国内最大級の独自ドメイン取得サービスです。レンタルサーバーをロリポップ！にする場合は、運営会社が同じなのでおすすめです。

ムームードメインを利用したことがある場合
すでにムームードメインのアカウントを取得している場合は、手順4でムームーIDとパスワードを入力して [ログインする] をクリックします。

独自ドメインを取得しない場合

独自ドメインを取得していない場合、別のレンタルサーバーに変更するとURLが変更されるので、お客様に新しいURLを知らせなければいけません。また、他サイトからのリンクが外れてしまうので、見に来てもらえなくなります。ドメインを取得していれば、レンタルサーバーを変更してもURLはそのままです。

⑥ コードを受け取る方法を選択して電話番号を入力し❶、[認証コードを送信する]をクリックします❷。

⑦ 送られてきたコードを入力して❶、[本人確認をして登録する]をクリックします❷。

 本人確認
本人確認は、携帯電話のSMS（ショートメッセージ）で受け取るか電話の音声で受け取るかのどちらかです。手順6で[自動音声]を選択すれば、固定電話でも受け取れます。ただし、IP電話番号は使えません。

⑧ 契約年数を選択し❶、レンタルサーバーの利用は[利用しない]をクリックします❷。

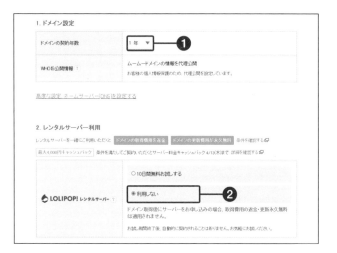

 レンタルサーバーのお試し
手順8では、ドメイン取得時にレンタルサーバー「ロリポップ！」の申し込みができます。特典を使うには条件を満たす必要があるため、ここでは[利用しない]を選択します。なお、P.26のロリポップ！のベーシックプラン以上を契約する場合は、サーバーの申込み時にドメインを無料で取得できます。ただし、その場合はロリポップ！のお試しができません。

 **WHOIS公開情報**

手順8にあるWHOIS公開情報は、登録者の情報公開についてです。デフォルトでは、ムームードメイン運営会社の住所になります（jp以外）。後で変更できますが、個人情報が公開されると困るので通常はデフォルトの代理公開にしておきます。

9 スクロールして支払い方法を入力し**❶**、下部の［次のステップへ］をクリックします**❷**。

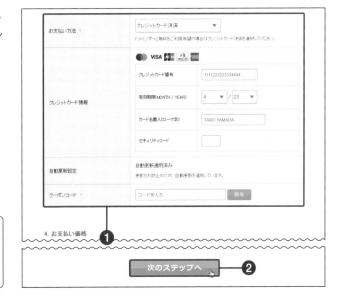

💡 **前の画面に戻る**

前の画面を確認したいときは、画面上部の［ドメイン設定］や［ユーザー情報確認］などのリンクをクリックすると戻れます。

10 名前や住所などを入力し**❶**、下部の［次のステップへ］をクリックします**❷**。

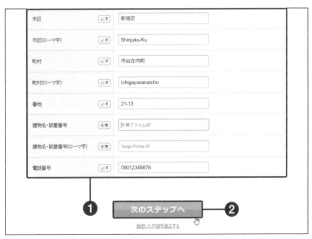

11 ［下記の規約に同意します。］にチェックをつけて**❶**、［取得する］をクリックすると申し込みが完了します**❷**。その後、ドメイン情報認証メールが届くので、リンクをクリックします。

💡 **ドメインの自動更新**

契約期間が終了する30日前に更新処理が行われます。自動更新にしない場合は、ムームードメインの管理画面左の［各種お支払い］→［自動更新設定］で変更してください。

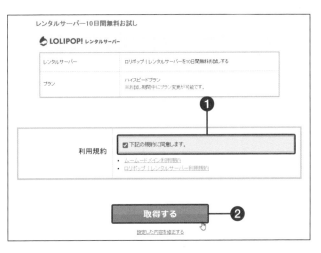

サーバーをレンタルしよう

インターネットでWebサイトを見られるのは、インターネット上のWebサーバーにファイルが置かれているからです。Webサーバーを自分で用意するのは難しいので、通常はレンタルサーバーを利用します。

ロリポップ！に申し込む

① ロリポップ！「https://lolipop.jp/」にアクセスします。画面右上の［お申込み］をクリックします❶。

② プランを選んでクリックします❶。

ロリポップ！とは

ロリポップ！は、GMOペパボ株式会社のレンタルサーバーサービスです。4つの契約プランがあり、容量や使える機能によって料金が異なります。最安の「エコノミー」プランは、WordPressが使えません。安くしたいのなら「ライト」プラン、高速表示かつ大容量を使いたいのなら「ベーシック」プランがおすすめです。

✎ レンタルサーバーとは

Webサイトをインターネットで見られるようにするには、作成したファイルをインターネット上のサーバー（コンピュータ）に転送する必要があります。自分でサーバーを用意するには知識や費用が必要なので、通常はサーバーを貸してくれるレンタルサーバーを利用します。無料のレンタルサーバーもありますが、WordPressが使えなかったり、広告が表示されたりするので、有料のレンタルサーバーがおすすめです。レンタルサーバー会社や契約プランによって料金が異なり、月額200円程度のプランもあれば、月額5,000円以上のプランもあります。初期費用がかかる場合もあるので、予算に合わせて選択してください。

③ ロリポップ！でのドメイン名（アカウント名）を入力します**❶**。[URLの末尾を変更する]をクリックすると、末尾を変更できます**❷**。パスワードとメールアドレスを入力し**❸**、[同意して本人確認へ]をクリックします**❹**。

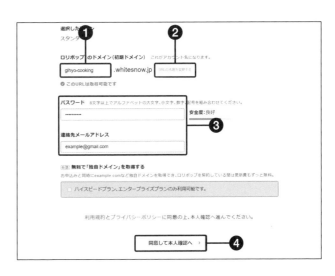

💡 **ドメインを取得しない場合**

P.22でドメインを取得しなかった場合は、ここで設定したドメインがWebサイトのアドレスになります。なお、手順3で独自ドメインを取得することも可能ですが、レンタルサーバーのお試しはできません。

④ 携帯電話番号を入力し**❶**、[認証コードを送信する]をクリックします**❷**。

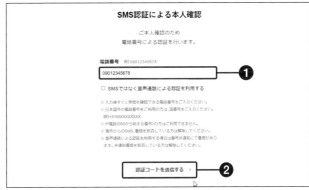

⑤ 送られてきたコードを入力し**❶**、[認証する]をクリックします**❷**。

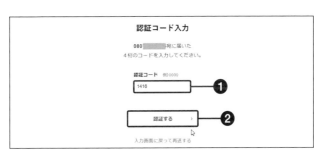

✏️ **ムームードメインでロリポップ！のお試しを申し込んだ場合**

P.24で「レンタルサーバーの利用」で[10日間無料お試しする]を選択した場合は、入力したメールアドレス宛にメールが届くので、[パスワードを設定]のリンクをクリックしてパスワードを設定してください。

名前とフリガナ、住所を入力します❶。

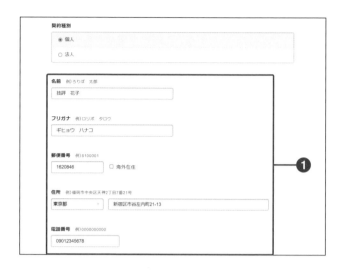

⑦ 契約期間を選択し❶、支払い情報を入力します❷。下部の[お申込み内容確認]をクリックします❸。

💡 **レンタルサーバーの試用期間がある**
ロリポップ！では、10日間のお試しができます。途中でキャンセルする場合は、管理画面の左の一覧にある[契約・お支払い] → [サーバー契約・お支払い]をクリックし、[契約のキャンセル] → [契約状況]の[こちら]をクリックして手続きしてください。

⑧ [無料お試し開始]をクリックします❶。

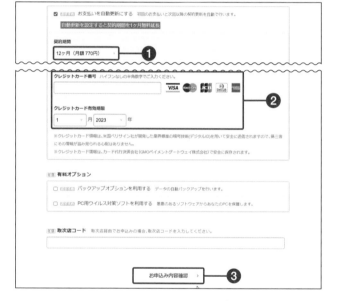

⑨ [ユーザー専用ページにログインする]をクリックします❶。

さっそくホームページをつくりましょう！

お申込み完了のお知らせをご登録のメールアドレスへ送信いたしました。
お申込み内容やユーザー専用ページへのログイン情報が記載されておりますのでご確認ください。

ユーザー専用ページにログインする ❶

ロリポップ！に独自ドメインを設定する

① ロリポップ！のユーザー専用ページが表示されるので、［サーバーの管理・設定］をクリックし**❶**、［独自ドメイン設定］をクリックします**❷**。

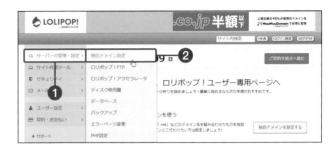

② P.22で取得した独自ドメインを入力し**❶**、［独自ドメインをチェックする］をクリックします**❷**。

独自ドメインの設定

独自ドメインのURLでWebサイトにアクセスできるようにするために、P.22で取得した独自ドメインをロリポップ！に設定して紐づけます。なお、反映されるまでに時間がかかる場合があります。

③ ムームードメインのIDとパスワードを入力し**❶**、［ネームサーバー認証］をクリックします**❷**。

④ ［設定］をクリックし**❶**、［OK］をクリックします**❷**。

その他のレンタルサーバー

さまざまなレンタルサーバーサービスがありますが、WordPressが使えるか否かをレンタルサーバー会社のプラン一覧で確認してください。その際、WordPressを簡単にインストールできる機能が付いているレンタルサーバーを選んだ方が楽です。「ロリポップ！」の他、「さくらレンタルサーバー」や「エックスサーバー」「お名前.comレンタルサーバー」も簡単にインストールできます。

WordPressを
自動インストールしよう

サーバーをレンタルしたら、WordPressをインストールしましょう。
本来は少し設定が難しいのですが、レンタルサーバーが用意しているインストール機能を使うと簡単です。

WordPressをインストールする

 ロリポップ！のユーザー専用ページで
[サイト作成ツール]をクリックし❶、
[WordPress簡単インストール]をクリックします❷。

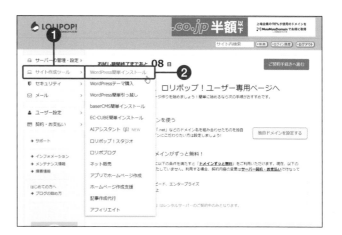

💡 **簡単インストール**
自分でWordPressをインストールするには、ある程度の知識が必要です。レンタルサーバーによっては、WordPressを簡単にインストールできる機能があるので利用しましょう。本書では、ロリポップ！の「WordPress簡単インストール」機能で解説します。

 サイトにつけるタイトル名を入力します❶。WordPress用のユーザー名（「admin」、「test」、「administrator」、「root」以外）を入力します❷。

💡 **サイトURLとユーザー名**
WordPressをインストールするフォルダを指定しますが、通常はそのままで大丈夫です。ユーザー名はログインに使用するので、一般的な名前でない方が安心です。

✏️ **ユーザー専用ページを閉じてしまった場合**

P.29の後、ユーザー専用ページにアクセスできますが、画面を閉じてしまった場合は、ロリポップ！のトップページhttps://lolipop.jp/にアクセスし、右上の[ログイン]をクリックして、[ユーザー専用ページ]をクリックしてログインしてください。

3 パスワードとメールアドレスを入力します**❶**。

💡 **パスワードとメールアドレス**
ここで設定したパスワードとメールアドレスは、WordPressにログインするときに使うものです。ロリポップ！のログインに使うものとは別なので間違えないようにしましょう。

4 [WordPressのデフォルトテーマ]をクリックします**❶**。[入力内容確認]をクリックします**❷**。

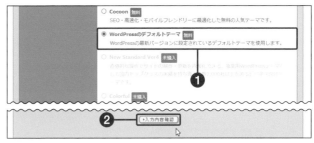

5 内容を確認して[承諾する]にチェックをつけて**❶**、[インストール]をクリックします**❷**。

6 「正常にインストールが完了いたしました。」と表示されます。サイトURLと管理者ページURLを控えておきます**❶**。

💡 **サイトURLと管理者ページURL**
「サイトURL」は、作成しているWebサイトのURLです。「管理者ページURL」は、WordPressの管理画面のURLです。

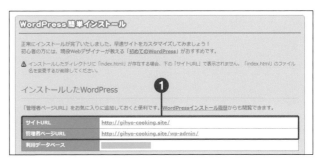

 **テーマのインストール**

レンタルサーバーによっては、WordPressのインストールと同時にテーマもインストールできる場合があります。本書では後でテーマを設定するので、手順4では[WordPressのデフォルトテーマ]を選択してください。

安全なサイトにするために
SSL化しよう

インターネット上で、氏名や住所などの個人情報、パスワード、クレジットカード情報などを入力する機会がありますが、悪意のある第三者に盗まれる危険性があります。それを防ぐためにSSL化があります。

独自SSLを設定する

① P.30手順1のロリポップ！のユーザー専用ページで［セキュリティ］をクリックし**①**、［独自SSL証明書導入］をクリックします**②**。

> 💡 **SSLとは**
>
> SSL（Secure Sockets Layer）は、インターネット上のデータを暗号化して送受信するしくみのことです。SSLを利用することで、第三者からの盗聴や改ざんを防ぐことができます。SSL化していないサイトの場合、訪問者のブラウザに注意メッセージが表示されるので、不安にさせないためにも設定しましょう。ロリポップ！では、独自ドメインの取得と設定をしていれば、無料かつ簡単にSSL化することができます。

② ［無料独自SSLを設定する］をクリックします**①**。

> 💡 **SSL化しているサイト**
>
> SSL化しているサイトの場合は、URLが「https」で始まります。また、アドレスバーに鍵のマークが表示されます。

③ サイトにチェックをつけて❶、[独自SSL（無料）を設定する]をクリックします❷。

SSL化していないサイト
SSLを利用していないサイトの場合は、Edgeの場合はアドレスバーに「セキュリティ保護なし」、Chromeの場合は「保護されていない通信」と表示され、クリックすると警告が表示されます。

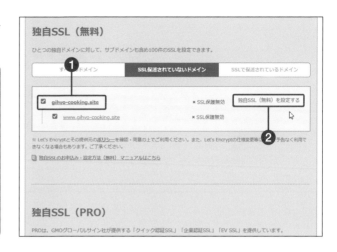

④ 画面の表示が「SSL設定作業中」に変わります❶。5分程度待ってからページを更新します。

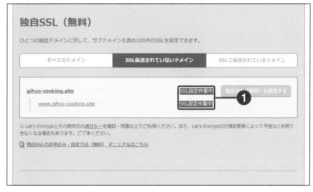

⑤ [SSLで保護されているドメイン]をクリックし❶、「SSL保護有効」になっていることを確認します❷。

WordPress上でアドレスを変更する
P.42では、WordPressの設定画面で「http」から「https」へ変更する設定をします。また、「http」のアドレスにアクセスしたときに、自動的に「https」のアドレスに移行させる方法はP.248で紹介します。

有料のSSL

ここでは無料のSSLを紹介しますが、より安全なサイトにするには有料のSSLを使用してください。ロリポップ！の場合は、有料の独自SSL（PRO）に3タイプ用意されています。個人サイト向けの「クイック認証SSL」、会員制サイトやECサイト向けの「企業認証SSL」、会員制サイトや企業サイト向けの「EV SSL」があります。それぞれ認証レベルや保証レベルが異なるので、予算に応じて選択してください。

WordPressに
ログイン・ログアウトしよう

記事の投稿やページの作成は、WordPressの管理画面で操作するので、
いつでもログインできるようにしましょう。また、ログアウト方法も覚えましょう。

WordPressにログインする

 P.31で控えておいた、「管理者ページ URL」にアクセスします❶。

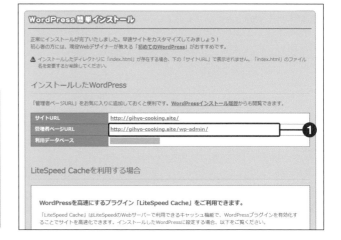

💡 **管理画面へのアクセス**

WordPressの管理画面のURLは、Webサイトの URLの末尾に「/wp-admin」をつけたものです。 P.31の手順6の画面にある[管理者ページURL] に表示されています。あるいは、サイトのURL の末尾に「/wp-login.php」を入れてもログイン画 面を表示できます。頻繁に使用するので、どち らかをブラウザのお気に入りに登録しておくと よいでしょう。

 P.30、31で設定したユーザー名(または メールアドレス)とパスワードを入力 し❶、[ログイン]をクリックします❷。

 **パスワードを忘れた場合**

パスワードを忘れてしまった場合は、手順2の画面で[パスワードをお忘れですか?]をクリックして再設定することができ ます。なお、ここで入力するのはWordPressのパスワードです。間違えてロリポップ!のパスワードを入力しないように気 をつけましょう。

③ WordPressにログインし、ダッシュボードという画面が表示されます。

WordPressをログアウトする

① [こんにちは、○○さん]をポイントし❶、[ログアウト]をクリックします❷。

② WordPressをログアウトしました。

 ログイン状態の保持

手順2の画面で、[ログイン状態を保存する]にチェックをつけておくと、次回以降ドメイン名やパスワードを入力せずにログインできます。ただし、他人にログインされないように気をつけてください。

更新メッセージが表示されている場合

WordPressに新機能や不具合があった場合、アップデートが必要になります。アップデートには、メジャーアップデートとマイナーアップデートがあり、メジャーアップデートは、機能の追加や変更が行われる大きなアップデートです。管理画面の上部にアナウンスが表示されていたらクリックして更新してください。一方、マイナーアップデートは不具合の修正やセキュリティ関連のアップデートで、自動的に更新されます。

[今すぐ更新してください。]をクリックします❶。

[バージョン〇〇に更新]をクリックします❷。

WordPressのバージョン

WordPressのバージョンを知りたいときは、ダッシュボードの「概要」欄で確認できます。

ホームページの
土台を作ろう

WordPressの準備ができたので、すぐに投稿したくなるかもしれません。ですが、最初にやっておくべき設定があります。どのテーマを選んだとしても必要な設定なので、ここでしっかり覚えましょう。

本書で作るホームページ

トップページ

ホーム画面には（P.134〜141、P.158〜167）左上にロゴが入ります。各ページに行きやすいようにメニューを表示します。注目してもらうために上部に動画を入れます。

大きな写真を入れ、文章をスタイリッシュに配置します。

 本書の解説の流れ

本書は、新機能のフルサイト編集に対応しています。フルサイト編集は、Webサイト全体をブロックというものを使って作成します。まずはブロックの使い方に慣れる必要があるので、Chapter3〜5でさまざまなブロックの使い方を解説します。そして、Chapter6でWebサイト全体の編集について説明します。

作品紹介の写真を載せたり、注目してほしい情報を表示させます。

お問い合わせのボタンを配置します。

GIHYO料理教室とは
（P.50〜73、P.98〜109）

このページを見れば、どのような料理教室なのかがわかるような内容にします。また、画像を入れて魅力的なページにします。

その他のサブページ

講師紹介のページです。（P.124〜133、167）メニューの「コース案内」をクリックして、サブメニューからアクセスするようにします。

コース一覧（P.156〜167）

コースの内容や料金を載せたページです。メニューの「コース案内」をクリックして、サブメニューからアクセスするようにします。

お知らせ（P.74〜94）

投稿のページです。サイドバーも設置します。

アクセスページです。（P.110〜123）住所と一緒に地図も入れます。また、目印となる教室付近の写真も入れます。

お問い合わせページ（P.200〜205）です。Webサイトを見た人が質問や要望などを送信すると、入力内容がメールで届くしくみになっています。

管理画面の見方を知ろう

WordPressにログインすると、「ダッシュボード」という画面が表示されます。
まずは最初の状態の画面構成を確認しておきましょう。

画面構成

ツールバー

❶ クリックするとWordPressについての画面が表示され
ます。ポイントして表示される一覧から、WordPress
の公式サイトやサポートページを表示できます。

❷ クリックすると、Webサイトが表示されます。

❸ プラグインやテーマの更新があるときに数字が表示
されます。

❹ コメントがついたときに数字が表示されます。クリッ
クするとコメントの画面を表示します。

❺ クリックまたはポイントした一覧から新しい投稿が
できます。

❻ ポイントするとプロフィール編集やログアウトがで
きます。

メインナビゲーション

❶ 各項目をクリックすると、記事の投稿や、デザイン
の変更などができます。

❷ メニューを折りたたむことができます。再度クリッ
クすると表示されます。

ワークエリア

❶ サイトの改善点をチェックできます。

❷ 投稿のアイデアを書き留めておくことができます。

❸ 投稿した記事の数やコメントの数を確認できます。

❹ コメントがあると表示されます。

❻

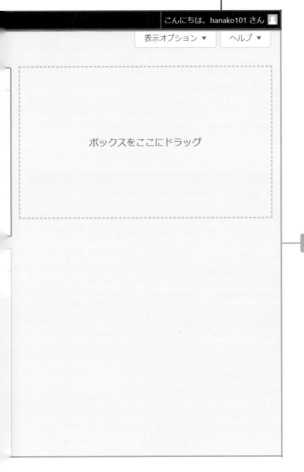

こんにちは、hanako101 さん

表示オプション ▼　　ヘルプ ▼

ボックスをここにドラッグ

ワークエリア

> 💡 **画面表示が異なる場合**
> 使用するテーマやプラグインによっては、追加の機能が
> メインナビゲーションやツールバーに表示される場合が
> あります。

サイトタイトルやURLなどを
登録しよう

サイト名やキャッチフレーズは、インターネットで検索したときに表示される重要な設定です。より多くの人に見てもらえるように工夫しましょう。また、サイトのURLも忘れずに設定してください。

サイトタイトルを設定する

① [設定]をクリックし❶、[サイトのタイトル]にサイト名、[キャッチフレーズ]にサイトの説明を入力します❷。

② [WordPressアドレス]と[サイトアドレス]の「http」を「https」に変更します❶（P.32でSSL化した場合）。

 サイトのタイトルとキャッチフレーズ
[サイトのタイトル]とはWebサイトにつけるタイトルのことで、ブラウザのタイトルバーにも表示されます。また、ネットの検索結果にも大きめの文字で表示されます。P.30でWordPressをインストールする際にも入力しましたが、内容に適したタイトルになっているか確認しましょう。[キャッチフレーズ]には、何のサイトであるかがわかるように短文で入力します。検索サイトの結果にも影響するので、工夫しながら入力してください。

 **WordPressアドレスと
サイトアドレスを確認する**
[WordPressアドレス]と[サイトアドレス]が、P.22で設定した独自ドメインのURLになっているかを確認してください。また、P.32でSSLの設定をした場合、ここで「https」から始まるアドレスに修正する必要があります。

3 [日付形式]の[Y-m-d]をクリックし❶、[変更を保存]をクリックします❷。

💡 **日付形式**

日付形式はどの形式でもかまいませんが、数字と漢字が混ざっているとフォントの種類によってはアンバランスに見えるときがあります。ここでは「-」で区切って表記する方法に変更します。[カスタム]ボックスに入力し、任意の形式にしてもかまいません。「Y」はyearの「年」、「m」はmonthの「月」、「d」はdayの「日」です。ただし、「Y」を「y」にすると「2023」年が「23」年となり、和暦と間違えやすいので大文字で入力しましょう。

ニックネームを変更する

1 [ユーザー]をクリックし❶、ユーザー名をクリックします❷。

 2 [ニックネーム]に、記事を書くときのニックネームを入力します❶。[ブログ上の表示名]の☑をクリックし❷、入力したニックネームを選択します❸。[プロフィールを更新]をクリックします❹。

💡 **ニックネーム**

[ニックネーム]には、デフォルトでWordPressをインストールしたときに設定したユーザー名が表示されています。しかしこのユーザー名は、ログイン時に使用する名前です。そのままでは記事を投稿する際に表示され、ログインIDが知られることになります。セキュリティ上、望ましくないので別の名前に変更しましょう。

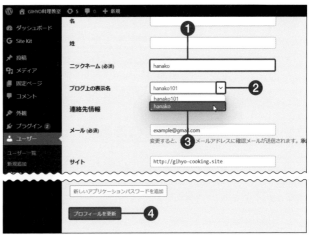

パーマリンクを設定しよう

WordPressをインストールした直後にやってほしいこととして、パーマリンクの設定があります。
パーマリンクは後から変更すると不都合が生じるので、はじめの段階で慎重に設定してください。

パーマリンクとは

パーマリンクは、URLのことです。パーマリンクに入れる文字を、投稿名や日付、数字などから選んで設定できます。
また、[カスタム構造] を選択して自由にカスタマイズすることもできます。パーマリンクを後から変更するとURLが変わってしまい、SNSや他のサイトに貼ってもらったリンクが切れてしまうので、必ず最初に設定しましょう。

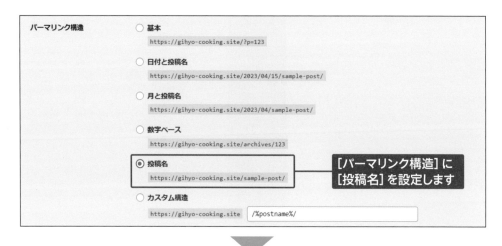

[パーマリンク構造] に
[投稿名] を設定します

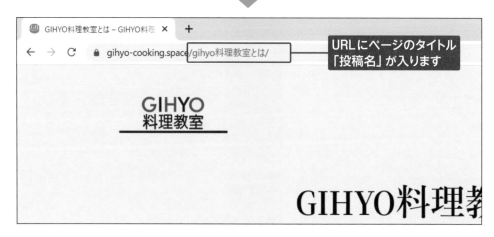

URLにページのタイトル
「投稿名」が入ります

① [設定] をクリックし❶、[パーマリンク] をクリックします❷。

② [投稿名] をクリックします❶。

[投稿名] を選択した場合
[投稿名] を選択すると、URLに記事のタイトルが入り、検索サイトで上位に表示させるために役立ちます。ただし、タイトルが日本語の場合、日本語が入ったURLになり、テキスト形式で貼り付けたときに英数字と記号を組み合わせた文字列になります。そのため、記事を公開する際に英数字に修正する必要があります（P.72参照）。

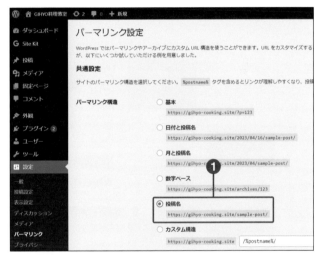

③ 下部の [変更を保存] をクリックします❶。

サイトの基本デザイン「テーマ」を理解しよう

インターネット上には素敵なデザインのサイトがたくさんありますが、サイト制作をプロに頼むと費用が高くつきます。WordPressには、好みのレイアウトで作れるようにデザインのひな型が用意されています。

テーマとは

WordPressのテーマは、レイアウトやデザインがあらかじめ設定されているひな型のことです。WordPress上で検索してインストールできるテーマ以外にも、企業や個人が提供している無料または有料のテーマをダウンロードして使うことも可能です。ただし、不具合やセキュリティ面が心配な場合もあるので、信頼できるところからダウンロードするようにしてください。

本書で使用するテーマ

WordPressがはじめての人は、基本的なテーマを使って操作してみることをおすすめします。基本操作を理解していないと、行き詰まったときにどこを直せばよいか気づくことができません。また、テーマによって特有の機能があり、別のテーマに変えたときに操作方法がわからなくなります。そのような理由から、本書ではWordPressの公式テーマ「Twenty Twenty-Three」を使って、WordPressの基本操作を解説します。

WordPress公式のテーマ
「Twenty Twenty-Three」を使用します。

テーマを編集してオリジナルのサイトを作成します。

✎ テーマの選び方

WordPress.orgに用意されているテーマは豊富にあります。どれにしたらよいか迷うと思いますが、まずは企業サイトのようにするか、ブログのようなサイトにするかを絞りましょう。そして、ふさわしいテーマを選びます。海外のテーマもたくさんありますが、日本製のテーマなら、日本語に対応していますし、操作につまずいたときに調べやすいです。なお、更新が止まっているテーマは不具合が生じる可能性があるので避けた方が無難です。

フルサイト編集対応の日本製テーマ「X-T9」

✎ 有料のテーマ

有料で配布されているテーマもあります。デザインが綺麗ですし、メンテナンスもしっかりしているので、本書で基本操作を覚えたら検討してみるとよいでしょう。その際も、日本製のテーマをおすすめします。

テーマを設定しよう

Webサイトを作成する際、どのテーマを使うかを選ぶ必要があります。本書では、執筆時点でデフォルト
テーマの「Twenty Twenty-Three」を使用しますが、他のテーマを使う場合の設定方法も説明します。

テーマを設定する

 [外観]をクリックします❶。「Twenty
Twenty-Three」が「有効」になっている
ことを確認します❷。

> 💡 **デザインの事前確認**
> ポイントして[ライブプレビュー]が表示される
> テーマは、クリックすることで、どのようなデザ
> インになるかを確認することができます。

② 有効になっていない場合は、[有効化]
をクリックします❶。

 テーマの更新

WordPressにはさまざまなテーマが用意されてい
ますが、不具合や機能追加などによって随時更新
されます。手順1の画面に「今すぐ更新」と表示さ
れていたら、クリックして更新するようにしま
しょう。

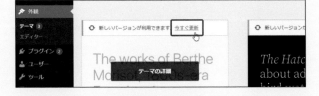

テーマを検索してインストールする場合

① ［新規追加］をクリックします❶。

② 興味のあるテーマをポイントして❶、［インストール］をクリックします❷。

💡 **テーマの検索方法**
画面上部にある［人気］をクリックすると、人気のテーマが表示されます。テーマの名前が決まっている場合は、右上のボックスに入力して検索できます。また、［特徴フィルター］をクリックして目的に合うテーマを探すことも可能です。

③ ［有効化］をクリックすると❶、適用されます。ここでは「Twenty Twenty-Three」を有効にして進めます。

💡 **テーマによっては管理画面が変わる**
テーマによっては、プラグインが追加され、ナビゲーションに項目が追加されたり、ツールバーにボタンが表示されたりするなど、画面が変更されることがあります。

ダウンロードしたテーマを使う場合

WordPressのテーマを提供しているサイトからダウンロードして使う場合は、手順2の画面上部にある［テーマのアップロード］をクリックし、［ファイルの選択］をクリックしてダウンロードしたファイル（.zip形式）を指定します。

スタイルを設定しよう

「Twenty Twenty-Three」のテーマをインストールしたら、
Webサイト全体の背景色や文字色を決めるためにスタイルを設定します。

スタイルを選択する

① [外観] をクリックし❶、[エディター] を
クリックします❷。

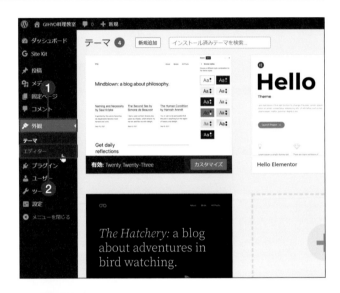

② [スタイル] をクリックします❶。

サイトエディターとは
本書で使用する「Twenty Twenty-Three」は、フルサイト編集という機能に対応しているテーマなので、Webサイト全体の背景色や文字色の設定を「サイトエディター」画面から行います。フルサイト編集に対応していないテーマの場合は、[外観] をクリックして [カスタマイズ] で設定してください。フルサイト編集については、Chapter6で説明します。

③ 「マリーゴールド」をクリックします❶。

④ ［保存］をクリックします❶。

⑤ 画面左上の🅦をクリックして❶、ダッシュボードに戻ります。

 スタイルとは
スタイルは、サイト全体の色やフォントを一括設定できる機能です。ページの背景色や文字色を組み合わせたスタイルが用意されていて、一覧から選択できるようになっています。他のスタイルを選択すると解説画面と違ってしまうので、ここでは「マリーゴールド」で進めてください。なお、画面左上にあるサイトタイトルが小文字の「gihyo」になっていますが、P.189で説明します。

サイトを表示しよう

イメージ通りに作成しているつもりでも、実際にはうまくいっていないこともあります。
編集の途中でサイトを表示して確認しましょう。そして、再び管理画面に戻る方法も覚えてください。

① 左上のWebサイト名をクリックします❶。

② アドレスバーがWebサイトのURLに変わります❶。再度、左上のWebサイト名をクリックすると❷、管理画面に戻ります。

✎ サイトを別のタブに表示させる

手順1で Ctrl キーを押しながらWebサイト名をクリックすると、新しいタブにサイトが表示されます。編集画面と実際のサイトをタブで切り替えながら見比べることができるので便利です。

✎ ツールバーが表示される

WordPressにログインしている状態でWebサイトにアクセスすると、上部にツールバーが表示されます。ツールバーを非表示にして確認したい場合は、別のブラウザでアクセスするか、画面下部のEdgeのアイコンを右クリックし、[新しいinPrivateウィンドウ] (Chromeは [新しいシークレットウィンドウ]) でアクセスしてください。

Chapter

3

固定ページと投稿で基本のホームページを作ろう

WordPressの設定が終わったら、ページを作成してインターネットに公開しましょう。Webサイトはインターネット上の家のようなものなので、自分の家を建てていくイメージです。基本操作を覚えながら、コツコツ作り上げていきましょう。

WordPressでのページの
作成方法について理解しよう

この章では、基本的なページの作成方法について学びます。WordPressでは、さまざまな設定をして見栄えのよいページを作成できますが、はじめから細かい操作を覚えるのは大変です。まずはこの章の内容をマスターしてください。

固定ページと投稿の違いを理解する

WordPressを始めたばかりの人は、「固定ページ」と「投稿」の違いのところで躓きやすいようです。作成方法と公開方法がほぼ同じなので、混乱しやすいのかもしれません。その違いを理解してから作成しましょう。

固定ページと投稿

●固定ページ

●投稿

固定ページを公開する方法を覚える

この章では、「GIHYO料理教室とは」というタイトルの固定ページを作成します。文字や写真だけでなく、リンクも貼りましょう。

ページタイトルと内容を
入力します（P.62）

画像と文字にリンクを
設定します（P.68）

画像を追加します
（P.64）

投稿を公開する方法を覚える

「投稿」では、重要な個所を太字にしたり、色をつけたりして強調しましょう。注目されやすいように、アイキャッチ画像も設定します。

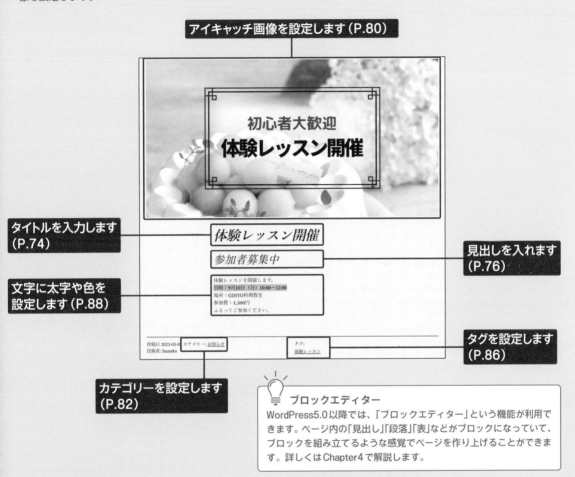

アイキャッチ画像を設定します（P.80）

タイトルを入力します（P.74）

文字に太字や色を設定します（P.88）

カテゴリーを設定します（P.82）

見出しを入れます（P.76）

タグを設定します（P.86）

💡 **ブロックエディター**
WordPress5.0以降では、「ブロックエディター」という機能が利用できます。ページ内の「見出し」「段落」「表」などがブロックになっていて、ブロックを組み立てるような感覚でページを作り上げることができます。詳しくはChapter4で解説します。

コメントの管理を覚える

Webサイトへの訪問者が増えてくると、コメントをつけてくれる人もいます。WordPress上でコメントを管理する方法を覚えましょう。

「固定ページ」と「投稿」の違い

WordPressには、Webページを作成する方法に「固定ページ」と「投稿」があります。はじめてWordPressを使う人はどちらを作成すればよいか迷うと思うので、ここで2つの違いを理解しましょう。

「固定ページ」と「投稿」

WordPressの記事には、「固定ページ」と「投稿」の2種類があります。「店舗案内」や「お問い合わせ」のように頻繁に更新する必要がないページが「固定ページ」です。トップページのメニューに表示されていることが多いので、アクセスしやすいという特徴があります。一方、日記やニュースなどの記事を時系列で載せるのが「投稿」です。ブログサービスを利用したことがある人は、ブログをイメージしてください。時系列に並んでいて、ページをめくるように閲覧できるのが「投稿」です。

固定ページ

投稿

会社概要　　アクセス　　プロフィール

固定ページ
・ 内容が変わることがあまりないので、頻繁に更新しない
・ 常に同じ位置にあるのでページを見つけやすい
・ メニューからアクセスできる場合が多い

投稿
・ 日記のように、毎回新しい記事を公開する
・ 基本的に日付順で表示され、ページをめくるように閲覧する
・ カテゴリーや日付で整理されている

固定ページ

本書で作成するWebページの中で、「コース案内」「アクセス」「お問い合わせ」などは、毎回投稿するものではないので「固定ページ」です。P.60〜P.73では、固定ページの作成方法を解説します。

● 固定ページは、メインナビゲーションの［固定ページ］から作成・管理します

投稿

本書で作成するWebページでは、「体験レッスン開催」というタイトルの投稿記事を作成します。その他のページは固定ページです。新しい記事を投稿すると、古い記事は後ろに移動します。P.74〜P.94では「投稿」の作成方法を解説します。

● 投稿は、メインナビゲーションの［投稿］から作成・管理します

不要な投稿やページを
削除しよう

はじめからサンプルで用意されている投稿やページがありますが、使用しないものは削除してかまいません。
間違えて削除しても、ゴミ箱から復元することができるので安心してください。

不要な投稿を削除する

① ［投稿］をクリックし❶、「Hello world!」の投稿をポイントし❷、［ゴミ箱へ移動］をクリックします❸。

💡 **サンプル投稿の削除**
投稿一覧にはじめから用意されている「Hello World!」は、サンプルなので削除しても大丈夫です。

② 投稿が削除されます❶。

✏ **削除を取り消す**

削除した直後は、上部に表示される［元に戻す］をクリックして削除を取り消すことができます。

③ ［ゴミ箱］をクリックすると❶、削除した投稿があります。ポイントして［復元］をクリックすると、元に戻せます❷。

完全に削除するには

手順3で［完全に削除する］をクリックすると、ゴミ箱からも削除されます。あるいは上部の［ゴミ箱を空にする］をクリックすると、ゴミ箱にある投稿やページをすべて削除できます。ただし、復活できないので慎重に操作してください。

不要な固定ページを削除する

① ［固定ページ］をクリックし❶、［サンプルページ］にチェックをつけて❷、［一括操作］の☑をクリックします❸。

② ［ゴミ箱へ移動］をクリックし❶、［適用］をクリックします❷。

複数のページを削除する

左ページと同様に1つずつ削除してもかまいませんが、ここでのようにチェックをつければ、複数のページを一括して削除することができます。

新しい固定ページを
作成しよう

ここでは、固定ページの作成方法を解説します。また、ページを作成する画面を見ておきましょう。
一度に覚えなくても、おおまかに確認するだけで大丈夫です。

固定ページを新規作成する

 [固定ページ]をクリックし❶、[新規追加]をクリックします❷。

 固定ページ
P.56で説明したように、WordPressで作成されるページには、頻繁に更新しない「固定ページ」と、毎回新しい記事を載せる「投稿」があります。ここでは固定ページを解説します。

 新しい固定ページが表示されます。

 画面が違う
ここでは、P.51で設定した「マリーゴールド」のスタイルが適用されています。選択したスタイルによって、背景色やタイトルの書式が異なります。

固定ページの作成画面

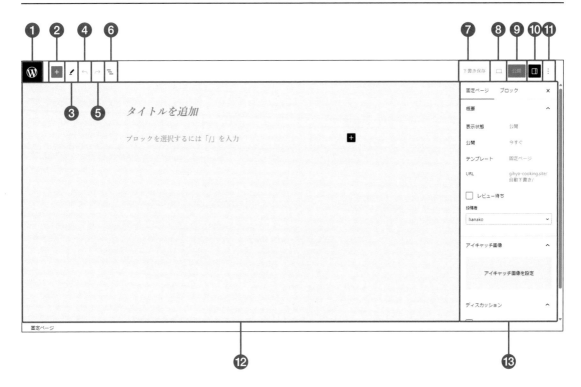

❶ 固定ページ一覧を表示

ページ一覧に戻ります。

❷ ブロック挿入ツールを切り替え

いろいろなブロックやパターンを追加できます。

❸ ツール

「編集」と「選択」の操作を切り替えられます。

❹ 元に戻す

前の操作に戻します。

❺ やり直す

元に戻した操作をやり直します。

❻ ドキュメント概観

追加しているブロック一覧が表示され、選択や削除ができます。

❼ 下書き保存

いったん保存するときにクリックします。

❽ プレビュー

どのように表示されるかの事前確認ができます。

❾ 公開

作成したページをインターネットに公開します。

❿ 設定

画面右側にある設定サイドバーの表示/非表示を切り替えます。頻繁に使用するので、覚えておきましょう。

⓫ オプション

表示やエディターの切り替え、ツールの設定を行います。

⓬ 作業スペース

ここに入力してページを作成します。

⓭ 設定サイドバー

ページの設定やブロックの設定を行います。内容はテーマによって異なります。

 「下書き保存」と「下書きへ切り替え」

何か文字を入力すると、[下書き保存]をクリックできるようになります。また、公開したページの場合は、[下書きへ切り替え]が表示され、クリックすると公開したページを下書きに切り替えることができます。

タイトルと内容を入力しよう

ページにタイトルがないと、何のページかわかりません。ネット検索の上位に表示させるためにも必要なので、忘れないように入力しておきましょう。また、文章の入力方法も説明します。

タイトルと本文を入力する

 ［タイトルを追加］をクリックします❶。

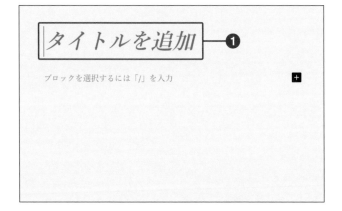

 ページのタイトルを入力します❶。［ブロックを選択するには〜］をクリックします❷。

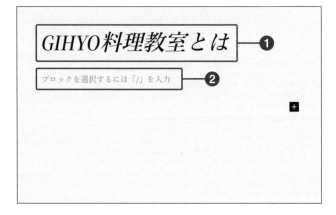

💡 **操作を取り消すには**
操作を取り消したい場合は、画面左上の［元に戻す］をクリックするか、キーボードの Ctrl キーを押しながら Z キーを押します。

文章を入力します❶。 Shift キーを押
しながら Enter キーを押します。

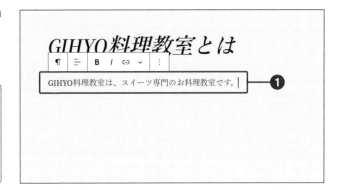

 「段落」ブロック
手順2で[ブロックを選択するには～]をクリック
すると、「段落」ブロックが追加され、文章を
入力できる状態になります。ブロックについて
はChapter4で説明するので、ここでは入力など
の基本操作を覚えましょう。

 カーソルが2行目に移動します❶。

2行目の文章を入力します❶。

 「段落」ブロック内の改行
「段落」ブロック内で改行するときは、 Enter キー
を押すとブロックが分かれてしまうので、 Shift
+ Enter キーを押します。同じ内容を入力する
場合は同じブロックに入れ、内容が変わる場合
はブロックを分けるようにしましょう。 Enter
キーを押すと右の画面のように別のブロックに
なり、空白ができます。なお、ブロックについ
てはChapter4の冒頭で説明します。

ページに画像を挿入しよう

ネット検索で見に来た人は、文章だけのページよりも画像が入っているページに興味を持ちます。
また、ページに文字がぎっしり詰まっているより、写真やイラストが入っていた方が読みやすくなります。

固定ページに画像を挿入する

 画面左上の＋をクリックします❶。

> 💡 **ブロックの追加**
> ここでは、画面左上のボタンから「画像」ブロックを追加しますが、画面の右下にある＋をクリックしても追加できます。

 ［画像］をクリックします❶。

③ [アップロード]をクリックします❶。

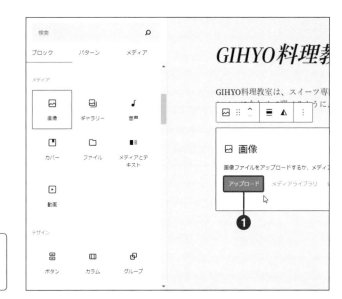

④ 画像を選択して❶、[開く]をクリックします❷。

⑤ 画像が挿入されます。画像を選択した状態で、[設定]がオンになっていることを確認します❶。設定サイドバーの[ブロック]タブをクリックし❷、[ALTテキスト]に代替テキストを入力します❸。

⑥ 右または下の〇をドラッグして**❶**、少し小さくします。

画像を切り抜く

① 画像をクリックすると、ブロックツールバーが表示されます。[切り抜き]をクリックします**❶**。

💡 **ブロックツールバーとは**
ブロックをクリックしたときに表示されるバーを「ブロックツールバー」と言います。

✏️ **画像サイズを指定する場合**

画像のサイズは、設定サイドバーの[ブロック]タブの[設定]にある[アスペクト比]で数値を指定することができます。また、[幅]や[高さ]を数値で指定することも可能です。

② ［ズーム］をクリックし❶、スライダー
をドラッグします❷。画像が拡大され
ます。

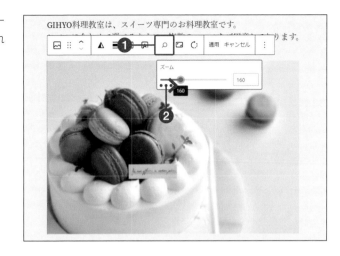

③ ［ズーム］をクリックしてスライダーを
非表示にし❶、画像をドラッグして見
せたい部分を表示します❷。［適用］を
クリックします❸。

画像を変更・削除するには
画像をクリックし、ブロックツールバーの［置換］
をクリックして別の画像に変更できます。削除
する場合は、ブロックツールバーの⋮をクリッ
クして［削除］をクリックします。

画像を画面いっぱいに表示させるには

画像を選択した状態で、ブロックツールバーの［配
置］をクリックして、［全幅］を選択するとウィン
ドウの横幅いっぱいに表示されます。［幅広］を選
択した場合は、コンテンツの横幅（中身を入れる
横幅）に合わせて表示されます。

● ［全幅］にした場合

● ［幅広］にした場合

画像や文字にリンクを
設定しよう

画像や文字をクリックして、他のページや他のサイトに移動させたいときは、リンクを設定します。
商品ページやSNSへ誘導したいときに便利です。WordPressでは、簡単にリンクを設定できます。

画像にリンクを設定する

① リンクを設定したい画像をクリックし❶、
ブロックツールバーの［リンクを挿入］
をクリックします❷。

② リンク先のURLを入力し❶、［適用］を
クリックします❷。

リンクとは

文字や画像をクリックすると、他のページや他
のWebサイトに移動できるしくみを「リンク」と
言います。SNSを見てもらいたいときや販売ペー
ジへ誘導したいときなどに使えます。

文字にリンクを設定する

(1) リンクを設定したい文字をドラッグし❶、ブロックツールバーの[リンク]をクリックします❷。

(2) リンク先のURLを入力し❶、[Enter]キーを押します。

(3) リンクが設定され、下線がつきました❶。

💡 サイト内ページへリンクする場合

ここでは、WebサイトのURLをリンク先として指定しましたが、サイト内のページにリンクを設定する場合は、ページのタイトルを入力すると一覧が表示されるので、クリックで指定することができます。

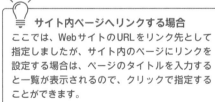

✏️ リンクを解除するには

画像に設定したリンクを解除するには、画像をクリックし、ブロックツールバーの[リンクを編集]をクリックして[×]をクリックします。文字の場合は、リンクを設定した文字をクリックし、🔗をクリックします。

ページを下書き保存しよう

ページを一気に作成するのは大変です。途中で休憩を取りたいときもあるでしょう。
下書き保存を使えば、中断したところからいつでも再開できます。

下書き保存をする

 ［下書き保存］をクリックします❶。

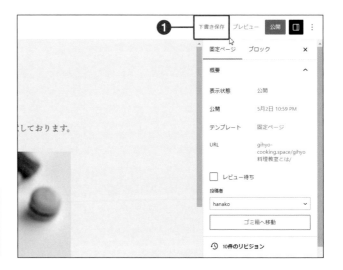

 下書き保存

ページが完成したら、［下書き保存］をクリック
すると保存されます。あるいは、［プレビュー］
をクリックしても保存されます。

② 「保存しました」と表示されます❶。

③ 画面左上の [W] のアイコンをクリックします**❶**。

④ 下書き保存したページは、タイトルの後ろに「−下書き」と表示されます**❶**。

⑤ 上部の [下書き] をクリックすると**❶**、下書き保存したページの一覧が表示されます。クリックすると**❷**、ページが開きます。

🖉 [下書き保存] と [下書きへ切り替え]

何か文字を入力すると、[下書き保存] をクリックできる状態になり、保存できます。なお、公開したページの場合は、[下書きへ切り替え] が表示され、クリックすると未公開になります。

ページを公開しよう

ページが完成したらインターネット上に公開します。日本語のタイトルの場合は、
URL の末尾を変更してください。また、プレビューを確認してから公開しましょう。

パーマリンクを設定する

① 公開したいページを開いておきます。設定サイドバーの［固定ページ］タブの［URL］が日本語になっている場合はこれをクリックします❶。

> 💡 **固定ページのパーマリンク**
> 何もしないとURLの末尾にタイトルの文字が表示されます。英数字のタイトルはよいのですが、日本語のタイトルの場合は、URLに日本語が含まれてしまうので英数字に変更します。公開時に忘れそうなら、ページを作成した時点で変更しておくとよいでしょう。

② ［パーマリンク］を英数字に修正し❶、⊠をクリックします❷。ここでは「about」と入力しています。

> 💡 **公開前にプレビューで確認する**
> 公開前に、画面右上の［プレビュー］をクリックし、［新しいタブでプレビュー］をクリックして表示を確認してください。

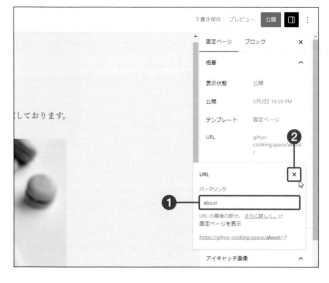

③ [公開] をクリックします❶。

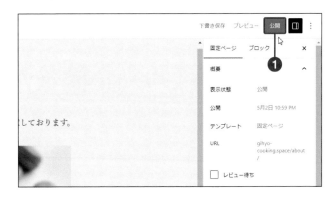

④ [公開] をクリックします❶。

⑤ [固定ページを表示] をクリックすると❶、
公開したページにアクセスできます。
×をクリックすると閉じます❷。

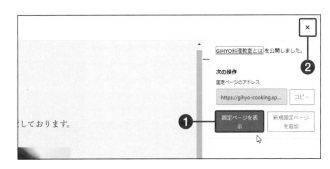

 特定の人だけに公開する

完成したページをパスワードを知っている人だけに見てもらいたい場合は、手順4の画面で [公開状態] をクリックし、[パスワード保護] をクリックしてパスワードを設定します。また、[非公開] を選択すると、Webサイトにログインできる他のユーザーに非公開ページとして見せることも可能です。

 予約投稿をする

指定した日時に公開するには、手順4の画面で [公開：今すぐ] をクリックして、公開する日時を指定します。

新しい投稿を作成しよう

固定ページの作成・公開方法をマスターしたら、次は投稿の作成です。「固定ページ」とほぼ同じですが、定期的に載せる記事なので固定ページよりも使用する頻度が高くなります。

記事を作成する

 ［投稿］をクリックし❶、［新規追加］をクリックします❷。

 タイトルを入力します❶。ここでは「体験レッスン開催」と入力します。［ブロックを選択するには〜］をクリックします❷。

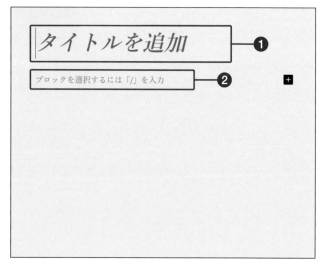

投稿記事の作成
投稿の作成も、固定ページと同じくブロックを使って作成します。各ブロックの使い方はChapter 4で説明するので、ここでは基本的な操作を覚えましょう。

③ 本文を入力します❶。

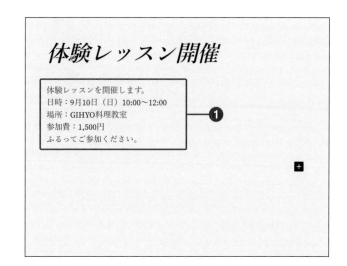

④ [下書き保存] をクリックします❶。

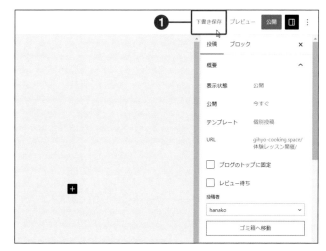

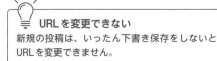
URL を変更できない
新規の投稿は、いったん下書き保存をしないと
URL を変更できません。

⑤ [投稿] タブをクリックします❶。P.45
でパーマリンクの設定を「投稿名」にし
たので、[URL] に日本語のページタイト
ルが含まれています。[パーマリンク]で、
「taiken_lesson」に変更します❷。

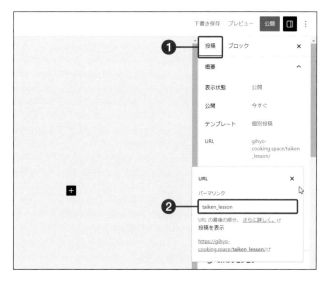

今すぐ公開する
手順5で[公開]をクリックすると、すぐに公開
できます。公開方法は固定ページと同様なので
P.72を参照してください。

見出しを入れよう

文章を入力する際、話が変わるところで段落を変えますが、その段落に何が書かれているかを先頭に記載するのが「見出し」です。ページ内にさまざまなことが書かれている場合は、見出しがあると読みやすくなります。

見出しを追加する

 画面左上の ➕ をクリックします❶。

 ボタンが ✖ に変わり❶、ブロックの一覧が表示されます。［見出し］をクリックします❷。

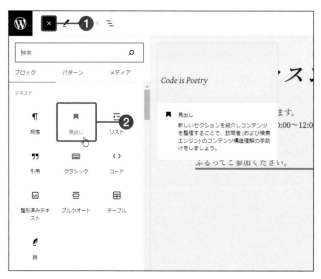

> 💡 **見出しとタイトルの違い**
> 見出しは段落のタイトルのことで、何が書かれている段落なのかがわかるようにつけます。段落ごとにつけるので、1ページに複数の見出しがあってもかまいません。タイトルはページにつける題名のことなので、1ページに1つです。

3 「見出し」ブロックが追加されました❶。
見出しを入力します。

4 ブロックツールバーの［上に移動］をク
リックして❶、見出しをタイトルの下に
移動します。

5 タイトルの下に見出しが移動しました❶。

✐ドラッグでブロックを追加する

ここで解説したようにブロック一覧からブロック
をクリックして追加してもよいのですが、一覧か
らブロックをドラッグすると、好きな位置に直接
追加することができます。

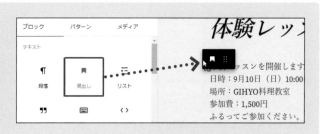

文字を太字にしたり
色をつけたりしよう

文章の中で強調したいワードは太字にしましょう。また、文字色を自由に変えることもできます。
文字に背景色もつけられるので、目立たせたい箇所に設定してください。

文字を太字にして、色を変更する

① 太字にしたい文字をドラッグし❶、ブロックツールバーの[太字]をクリックします❷。

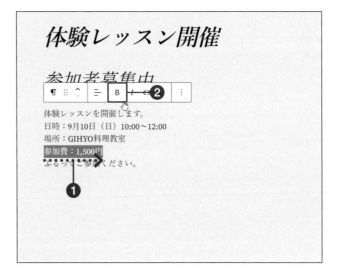

② 続けて⌄をクリックし❶、[ハイライト]をクリックします❷。

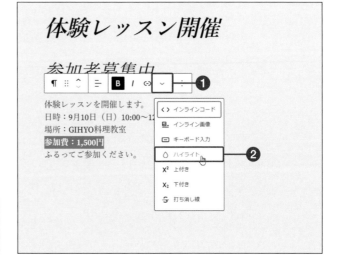

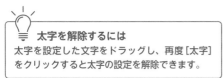

💡 **太字を解除するには**
太字を設定した文字をドラッグし、再度[太字]をクリックすると太字の設定を解除できます。

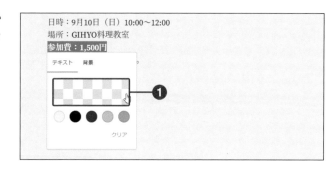

③ 目的の色をクリックします。色が見つからない場合は、格子模様のボックスをクリックします❶。

④ カラースライダーとカラーフィールドをドラッグして色を決めます❶。ここでは赤にします。文字以外の場所をクリックすると選択が解除され、確認できます❷。

背景色をつける

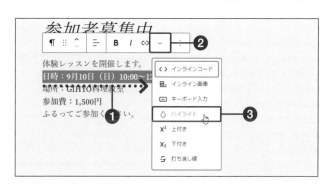

① 背景色をつけたい文字をドラッグし❶、ブロックツールバーの⌄をクリックして❷、[ハイライト]をクリックします❸。

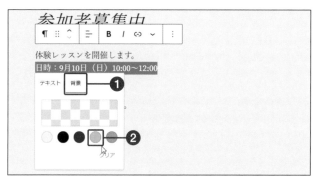

② [背景]をクリックし❶、色をクリックします❷。

背景色の設定
背景色と文字色が同系色だと文字が見づらくなるので、注意してください。

記事の先頭に
アイキャッチ画像を入れよう

記事の先頭に「アイキャッチ」画像を入れてみましょう。記事の内容に合わせた写真やイラストを入れると、
その情報を求めてきた人がきっと読んでくれるはずです。

アイキャッチ画像を設定する

 設定サイドバーの［投稿］タブをクリックし❶、スクロールして［アイキャッチ画像を設定］をクリックします❷。

 アイキャッチ画像
アイキャッチ画像とは、閲覧者の目をキャッチする画像という意味で、記事の先頭や記事一覧に表示する画像です。SNSにシェアしたときに表示される場合もあるので、記事の内容をイメージできるイラストや写真に文字を入れて、読んでもらえるように工夫しましょう。画像のサイズが小さいとぼやけますし、比率によってはTwitterやFacebookにうまく収まらない場合があるので、縦630px×横1200pxが最適と言われています。

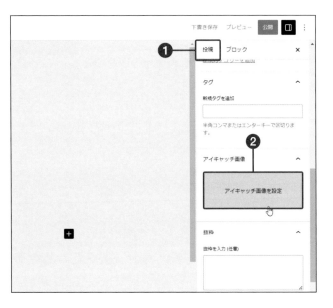

 ［ファイルをアップロード］をクリックし❶、［ファイルを選択］をクリックして画像をアップロードします❷。

 アイキャッチ画像に使う画像
すでに画像をアップロードしている場合は、手順2で［メディアライブラリ］タブにある画像を選択してください。

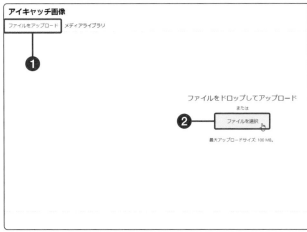

③ ［代替テキスト］（P.65参照）を入力します❶。［アイキャッチ画像を設定］をクリックします❷。

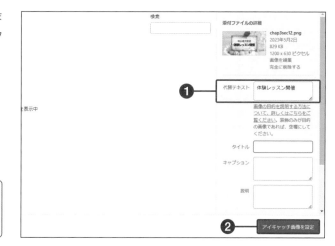

💡 **アイキャッチ画像の代替テキスト**
検索結果の上位に表示させるためにも、アイキャッチ画像には代替テキストを設定しましょう。

④ ［プレビュー］をクリックし❶、［新しいタブでプレビュー］をクリックします❷。

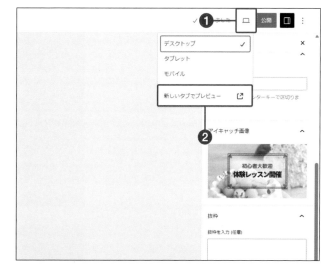

💡 **アイキャッチ画像を削除するには**
手順4の画面で［アイキャッチ画像を削除］をクリックすると、画像を削除できます。

⑤ 記事の先頭にアイキャッチ画像が追加されました❶。［下書き保存］をクリックして、次へ進みます。

💡 **プレビューで見ると**
アイキャッチ画像が暗い
デフォルトでは、アイキャッチ画像にオーバーレイというカバーがかかっていて、暗く見える場合があります。スタイルの設定で変更できます（P.175参照）。

投稿のカテゴリーを設定しよう

定期的に投稿していると、記事の数が増えてきます。サイト訪問者は必ずしも最新の記事を読むわけではないので、カテゴリーで分類して読んでもらいやすくしましょう。

カテゴリーを新規作成する

 ① ［投稿］をクリックし❶、［カテゴリー］をクリックして❷、カテゴリーの名前を入力します❸。

💡 **カテゴリーとは**
カテゴリーとは分類のことです。投稿は固定ページと違って、次々と記事が増えていくので、関連のある記事をカテゴリーで分類すると探しやすくなります。たとえば、「シフォンケーキ」と「チョコレートケーキ」を「ケーキ」カテゴリーにまとめれば、「ケーキ」カテゴリーの一覧から選んでもらうことができます。

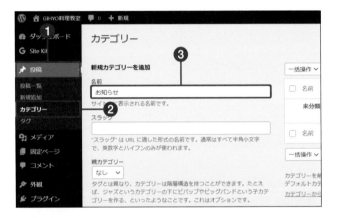

 ② スラッグを入力し❶、［新規カテゴリーを追加］をクリックします❷。

💡 **スラッグとは**
URLの末尾の部分をスラッグと言います。投稿や固定ページのURLと同様に、日本語は英数字に修正しましょう。たとえば、「お知らせ」のカテゴリーには「oshirase」のように設定しておくと、「お知らせ」カテゴリーのURLに「oshirase」という文字が入ります。

③ カテゴリーが作成されました❶。同様の方法で、他のカテゴリーも作成します。

投稿にカテゴリーを設定する

① [投稿] をクリックし❶、カテゴリーを設定する記事をクリックします❷。

② 設定サイドバーの [投稿] タブの [カテゴリー] をクリックし❶、記事に設定したいカテゴリーにチェックをつけます❷。[プレビュー] をクリックして、[新しいタブでプレビュー] をクリックします。

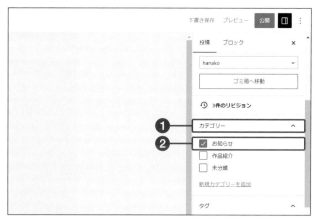

💡 **複数のカテゴリー**
手順2で複数のカテゴリーにチェックをつけて設定することもできます。

✏️ 設定サイドバーでカテゴリーを新規作成する

手順2で、[新規カテゴリーを追加] をクリックしてもカテゴリーを作成できます。記事を書いている途中で作成するときは、ここから作成するとよいでしょう。ただし、日本語のカテゴリーを設定する場合は、[投稿] → [カテゴリー] の画面でスラッグを修正する必要があります。

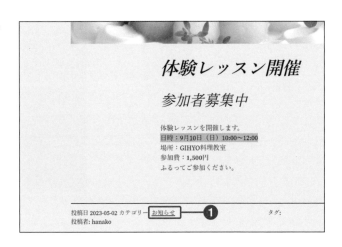

③ 記事の下に、カテゴリーが表示されました❶。

カテゴリーを階層化する

① ［投稿］をクリックし❶、［カテゴリー］をクリックします❷。カテゴリーの名前とスラッグを入力します❸。

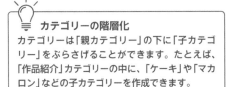

カテゴリーの階層化
カテゴリーは「親カテゴリー」の下に「子カテゴリー」をぶらさげることができます。たとえば、「作品紹介」カテゴリーの中に、「ケーキ」や「マカロン」などの子カテゴリーを作成できます。

② 親カテゴリーの⊡をクリックし❶、親にするカテゴリーを選択します❷。［新規カテゴリーを追加］をクリックします❸。

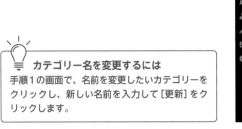

カテゴリー名を変更するには
手順1の画面で、名前を変更したいカテゴリーをクリックし、新しい名前を入力して［更新］をクリックします。

③ 子カテゴリーが作成できました **①**。

 💡 **子カテゴリー**
カテゴリー一覧の子カテゴリーは、区別がつくように親カテゴリーの下に「－」がついて表示されます。

「未分類」カテゴリーを編集する

① [未分類] をクリックします **①**。

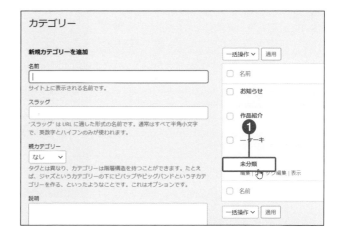

② 名前に「その他」**①**、スラッグに「others」と入力し **②**、[更新] をクリックします **③**。

 💡 **「未分類」カテゴリー**
WordPressには、「未分類」というカテゴリーが最初から用意されています。投稿記事にカテゴリーを選択しないと「未分類」に分類されるので、「その他」や「雑記」などに変更しておきましょう。

投稿にタグを設定しよう

カテゴリーで分類してあれば、訪問者は必要な情報を見つけやすいですが、さらにタグを使うと、
関連記事を見てもらいやすくなります。カテゴリーとタグの違いを理解した上で設定方法を覚えましょう。

タグを作成する

(1) [投稿] をクリックし❶、[タグ] をクリックして❷、タグの名前を入力します❸。スラッグを英数字で入力し❹、[新規タグを追加] をクリックします❺。

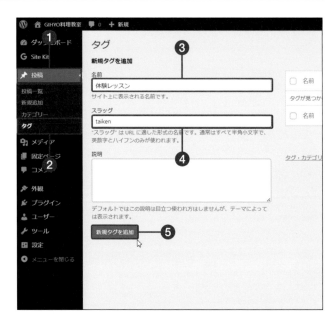

(2) タグが作成されました❶。

タグとは

タグを使うと、投稿内容に関連する複数のキーワードを付箋のように追加して分類できます。通常は投稿の下部に表示され、クリックすると、同じタグがついた投稿の一覧が表示されるしくみになっています。

投稿にタグを設定する

① 投稿を開き、設定サイドバーの［投稿］タブで❶、「新規タグを追加」にタグを入力します❷。

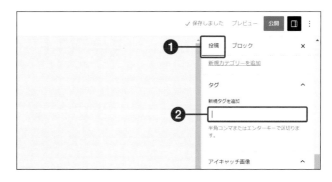

② 入力を始めると候補が表示されるので、クリックします❶。

③ 投稿にタグが設定されました❶。同様の方法で、別のタグも追加できます。

 タグを取り消すには
設定したタグを取り消すには、手順3でタグの右側の⊠をクリックします。

 カテゴリーとタグの違い
カテゴリーが記事の一覧として表示させるものであるのに対し、タグはキーワードのようなものです。カテゴリーが多すぎると一覧が長くなるので、細かな分類はタグを使います。なお、カテゴリーは階層化して分類できますが、タグは階層化できません。

 投稿時にタグを作成するには

手順1で新しいタグの名前を入力することで、新しいタグを作成することが可能です。ただし、スラッグが日本語になるので必ず［投稿］→［タグ］の画面で英数字に修正してください。

コメントの受付について
設定しよう

アクセスが増えてくるとコメントが付き始めますが、WordPressの管理画面でコメントの管理と返信ができます。コメントの内容をチェックしてから公開できるので、迷惑コメントの対策にもなります。

コメントに返信する

① コメントがあるとメインナビゲーションの[コメント]に数字がつくので、これをクリックします❶。

② コメントをポイントして、[返信]をクリックします❶。

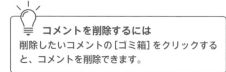
コメントを削除するには
削除したいコメントの[ゴミ箱]をクリックすると、コメントを削除できます。

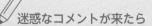
迷惑なコメントが来たら

勧誘や宣伝のコメント、無意味な英文のコメントなど、迷惑なコメントが届くかもしれません。そのようなときは、コメントを選択し、[スパム]をクリックしましょう。スパムとして処理すれば、次回以降そのユーザーからのコメントは新着コメントに表示されません。

③ 返信内容を入力し **①**、［承認と返信］を
クリックします **②**。

④ コメントに返信しました **①**。

すべてのコメントを承認制にする

① ［設定］をクリックし **①**、［ディスカッション］をクリックします **②**。［コメントの手動承認を必須にする］にチェックをつけます **③**。

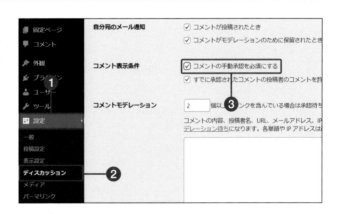

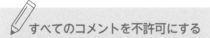

すべてのコメントを不許可にする

投稿記事すべてのコメントを受け付けない場合は、手順1の画面で［新しい投稿へのコメントを許可］のチェックを外し、下部の［変更を保存］をクリックします。

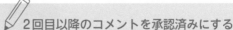

2回目以降のコメントを承認済みにする

デフォルトでは、手順1の画面にある［すでに承認されたコメントの投稿者のコメントを〜］がオンになっています。訪問者がはじめてコメントしたときのみ承認が必要で、2回目以降は承認なしで公開されます。

スクロールして、[変更を保存] をクリックします❶。

コメントを承認する

 [コメント] をクリックします❶。コメントを読み、ポイントして [承認] をクリックします❷。

 コメントを承認しました❶。

💡 **承認待ちのコメント**

コメントを承認制にしている場合、訪問者の画面には「あなたのコメントは管理者の承認待ちです。」と表示されます。

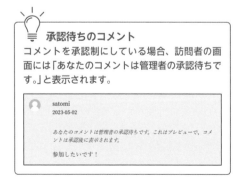

③ コメントが公開されたことを確認します❶。

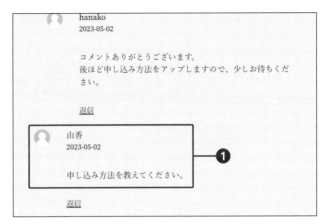

特定の投稿のコメント欄を非表示にする

① 投稿を表示します。設定サイドバーの[投稿]タブ❶の[ディスカッション]をクリックし❷、[コメントを許可]のチェックを外します❸。

💡 **コメント欄の非表示**
デフォルトでは、[コメントを許可]にチェックがついていて、投稿にコメント欄が表示されます。特定の投稿のみコメント欄を非表示にするには、[コメントを許可]のチェックを外します。

② [更新]をクリックします❶。

公開した投稿を修正しよう

投稿を公開した後でミスが見つかった場合、修正することが可能です。
もちろん、間違えて投稿した場合は削除することもできます。

公開した投稿を下書きへ切り替える

① [投稿] タブをクリックし❶、[下書きへ切り替え] をクリックします❷。メッセージが表示されたら [OK] をクリックします。

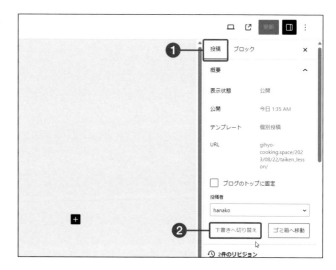

② 投稿が下書きの状態になり❶、未公開になりました。

 下書きへの切り替え
投稿の公開を止めて未公開にするには、下書きに切り替えます。誤字脱字のようなちょっとした修正なら公開したまま編集してもよいですが、じっくり考えて修正したい場合は、下書きに切り替えてください。なお、誤った情報を公開した場合は、訂正したことを記載しましょう。

③ 投稿一覧に、「下書き」と表示されます❶。

投稿を修正する

① [投稿] をクリックし❶、修正する記事をクリックします❷。

 テキストを修正します❶。[プレビュー] をクリックして確認したら❷、[公開] をクリックします❸。

💡 **固定ページの修正**
固定ページも同様の方法で修正できます。なお、この時点では、トップページから固定ページへのリンクを作成していないためトップページからはアクセスできません。トップページの設定方法については、P.196で解説します。

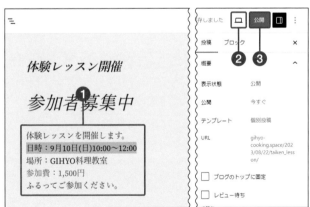

 [公開] をクリックして公開します❶。

💡 **公開後に削除するには**
投稿を公開した後でも、P.58の方法で投稿を削除することが可能です。ただし、閲覧数が多い場合は不信感を与えるので気をつけてください。

クイック編集で修正する

① 投稿一覧で、修正する投稿をポイントし❶、[クイック編集]をクリックします❷。

② スラッグやカテゴリー、タグなどを変更できます❶。

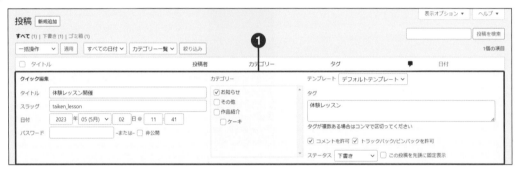

③ [ステータス]の☑をクリックして下書きへの変更も可能です❶。修正したら[更新]をクリックします❷。

 クイック編集とは
投稿やページの編集画面を開かなくても、スラッグやカテゴリーの変更ができる機能です。公開から下書き、下書きから公開への変更も可能です。ただし、本文の編集はできません。

便利なブロックを
使おう

WordPressでは、ブロックを組み立てるようなイメージでWebページを仕上げていきます。ブロックの使い方を知っておけば、Webページを思い通りに作り上げることができ、他のテーマに変えたときにも役立ちます。

この章で学ぶこと

ブロック機能のしくみを知ろう

ブロックとは

WordPressには、「ブロックエディター」という機能があります。ページ内の「見出し」「段落」「表」などをそれぞれ1つのブロックとし、ブロックを組み合わせてページを作成していくことができます。コードを記述しなくても、直感的にWebサイトを構築できるので、初心者でも簡単に操作することが可能です。

ブロックは1つの塊なので、たとえば画像と表の位置を入れ替えたいといった場合に、ドラッグ操作で簡単に移動することができます。また、削除するときも、ブロックごと削除すればよいのでレイアウトが崩れにくいというメリットがあります。

> 💡 **ブロックエディターとフルサイト編集**
> WordPress5.0で、ブロックを使ってページを編集する「ブロックエディター」が追加されました。以前のエディターのことは「クラシックエディター」と呼んで区別しています。さらにWordPress5.9では、Webサイト全体をブロックエディターで編集できる「フルサイト編集」という機能が追加されました。現在は、フルサイト編集に対応しているテーマと、対応していないテーマがありますが、今後フルサイト編集に対応したテーマが増えていくでしょう。

ブロックの種類

● ページタイトル
「GIHYO料理教室とは」

「画像」ブロック（P.64）

「リスト」ブロック（P.98）

「整形済みテキスト」ブロック（P.103）

「カバー」ブロック（P.104）

「見出し」ブロック（P.98）

「段落」ブロック（P.100）

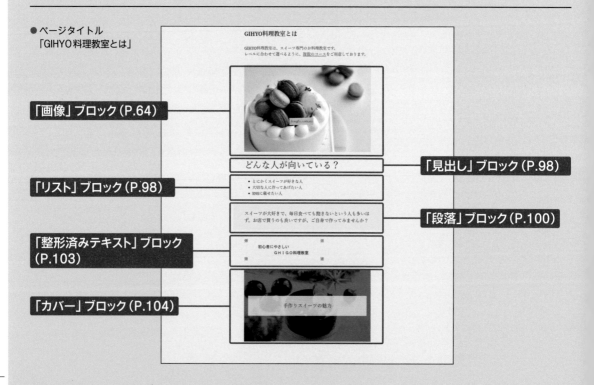

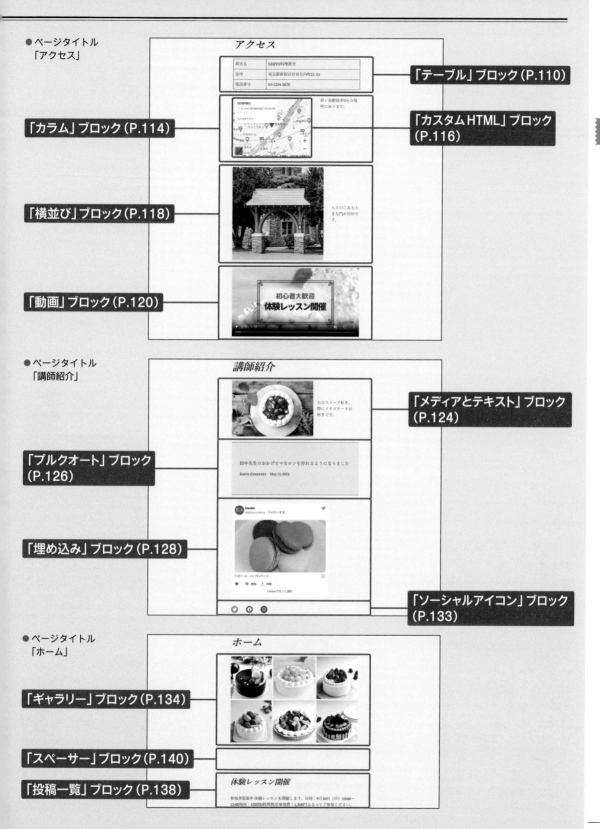

- ●ページタイトル 「アクセス」

アクセス

「テーブル」ブロック（P.110）

「カラム」ブロック（P.114）

「カスタムHTML」ブロック （P.116）

「横並び」ブロック（P.118）

人り口にある大きな門が目印です。

「動画」ブロック（P.120）

- ●ページタイトル 「講師紹介」

講師紹介

「メディアとテキスト」ブロック （P.124）

「プルクオート」ブロック （P.126）

「埋め込み」ブロック（P.128）

「ソーシャルアイコン」ブロック （P.133）

- ●ページタイトル 「ホーム」

ホーム

「ギャラリー」ブロック（P.134）

「スペーサー」ブロック（P.140）

「投稿一覧」ブロック（P.138）

「リスト」ブロックで箇条書きを追加しよう

リストとは、箇条書きのことです。長い文章が書かれているページは、目的の情報を探すのが大変なときがありますが、何が書かれているかのリストがあれば探しやすくなります。

「リスト」ブロックを追加する

① P.76と同様に、画面左上の ＋ をクリックして ❶、[見出し] をクリックします ❷。

② 見出しを入力します ❶。

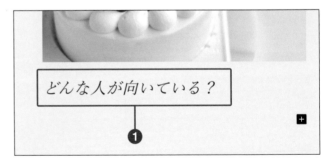

③ 画面左上の ＋ をクリックして ❶、[リスト] をクリックします ❷。

 リストとは

リストとは、箇条書きのことです。長い文章が続くと読むのが大変ですが、リストになっていれば手短に把握できます。また、リストにリンクを設定することで、該当箇所へジャンプして読んでもらうことができます。

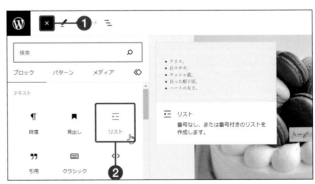

4 リストマークが追加されるので、文字を入力して Enter キーを押します❶。

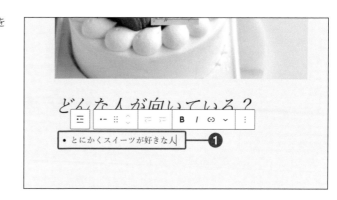

5 次のリストマークが表示されます。文字を入力します❶。

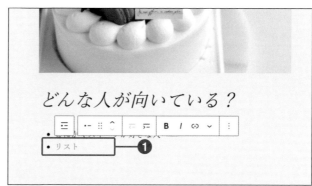

6 最後まで入力したら、右下の余白の部分をクリックします❶。これで、リストの入力が終了します。

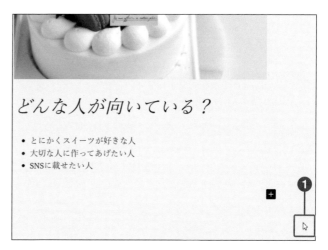

番号付きリスト

リストをクリックし、ブロックツールバーの［リストを選択］をクリックすると❶、リスト全体が選択されます。続けて［番号付きリスト］をクリックすると❷、1番からの番号がついたリストになります。

「段落」と「整形済みテキスト」ブロックで本文を入力しよう

はじめから用意されている「段落」ブロックだけでなく、「段落」ブロックは好きな位置に追加することができます。背景に色をつけることもできるので、イメージに合うように設定してください。

「段落」ブロックを追加する

① リストの下をクリックすると「段落」ブロックが追加されるので、クリックして文章を入力します❶。

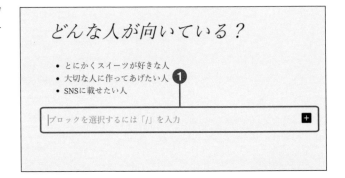

② ［設定］がオンの状態で❶、設定サイドバーの［ブロック］タブをクリックし❷、［カスタムサイズを設定］をクリックします❸。

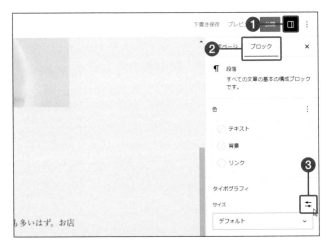

ブロックを追加する方法

ブロックとブロックの間にブロックを追加する場合は、ブロックとブロックの間の中央をポイントすると ➕ が表示されるので、これをクリックします。

3 「23」と入力します ❶。

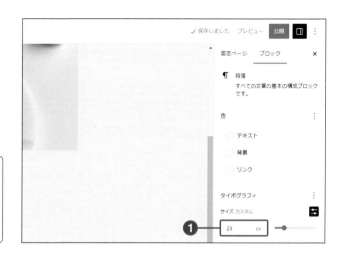

> 💡 **設定サイドバーの表示・非表示の切り替え**
> 設定サイドバーは頻繁に使用します。手順2にある[設定]で、表示・非表示の切り替えができるようにしましょう。

 4 「段落」ブロック内の文字が少し大きくなりました ❶。

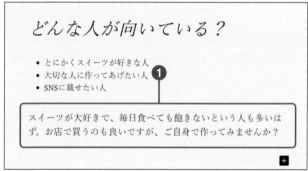

「段落」ブロックに色を設定する

1 「段落」ブロックをクリックし、設定サイドバーの[背景]をクリックし、格子模様のボックスをクリックします ❶。

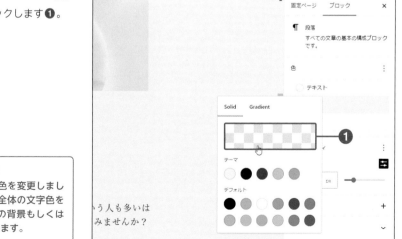

> 💡 **「段落」ブロックの色設定**
> P.79では段落内の一部の文字の色を変更しましたが、ここでは「段落」ブロック全体の文字色を設定します。「段落」ブロック内の背景もしくはすべての文字に同じ色が適用されます。

②色を選択します。ここではカラースライダーでオレンジをクリックし❶、カラーフィールドの○をドラッグして薄めのオレンジを設定します❷。

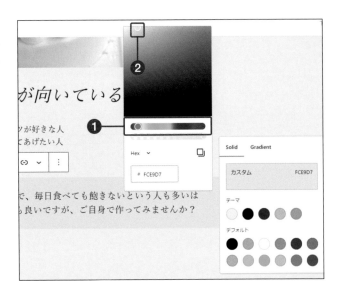

③［テキスト］をクリックし❶、テーマにある［メイン］をクリックします❷。

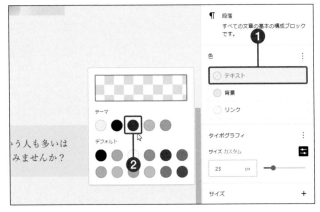

 設定した色をクリアするには
設定した色を解除したい場合は、設定サイドバーの［色］で、⚙をクリックして［リセット］または［すべてリセット］をクリックします。

④段落の背景色と文字色が設定されました❶。

どんな人が向いている？

- とにかくスイーツが好きな人
- 大切な人に作ってあげたい人 ❶
- SNSに載せたい人

スイーツが大好きで、毎日食べても飽きないという人も多いはず。お店で買うのも良いですが、ご自身で作ってみませんか？

 文字サイズの調整

手順3の画面にある「タイポグラフィ」の［サイズ］で、［小］や［大］などの文字サイズを選択することができます。細かく設定したい場合は、⚙をクリックして数値を指定してください。

「整形済みテキスト」ブロックを追加する

① ページの右下の空白をクリックして、画面左上の ⊞ をクリックし**❶**、[整形済みテキスト]をクリックします**❷**。

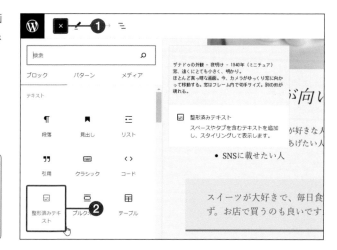

💡 **ブロックが追加される位置**
新しいブロックは、クリックしているブロックの下に追加されます。ここでは、一番下に追加するので、ページの下部をクリックしてから ⊞ をクリックしてください。

② スペースや改行を入れてテキストを入力します**❶**。

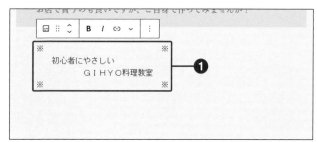

③ プレビューで確認すると、スペースや改行がそのままで表示されています**❶**。

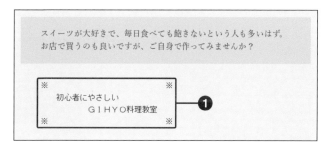

💡 **「整形済みテキスト」ブロックとは**
「整形済みテキスト」ブロックは、入力した通りにテキストを表示できるブロックです。等幅フォント（文字幅が同じ）で入力できるので、文字列をピッタリ整列することができます。また、半角スペースもそのまま表示できるので、プログラムのコードや、アスキーアート（文字を並べた絵）を載せるときにも使われます。なお、コードを表示するには、「コード」ブロックというブロックもあります。

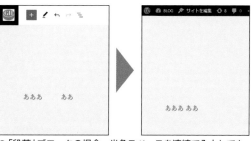

● 「段落」ブロックの場合、半角スペースを連続で入力しても、実際の画面には1つ分のスペースしか表示されません

「カバー」ブロックで画像の上に文字を載せよう

写真の上に文字を入れたいときは、「カバー」ブロックを使って画像の上に文字を入れられます。
また、写真に色を載せることで、おしゃれな雰囲気にすることができます。

「カバー」ブロックを追加する

① 画面左上の ＋ をクリックし❶、「メディア」グループにある［カバー］をクリックします❷。

> **「カバー」ブロックとは**
> 「カバー」ブロックを使うと、画像や動画の上に文字を重ねることができます。重ねる色を工夫することで、元の写真よりおしゃれなイメージの写真になります。また、「見出し」や「画像」などのブロックも重ねることができるので、トップページに載せる画像に適しています。P.158では、「カバー」ブロックに「見出し」と「カラム」のブロックを追加したパターンを紹介しています。

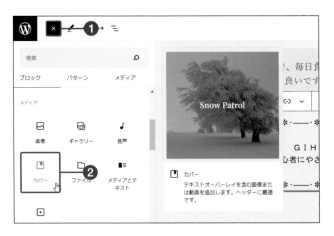

② ［アップロード］をクリックして❶、画像をアップロードします。

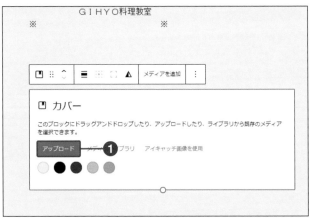

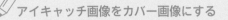
アイキャッチ画像をカバー画像にする

手順2で［アイキャッチ画像を使用］をクリックすると、アイキャッチ画像をカバー画像に使うことができます。

③ 画像の文字がない部分をクリックして❶、青枠で囲まれた状態にします❷。

④ 画像を選択した状態で、設定サイドバーの [ブロック] タブをクリックします❶。

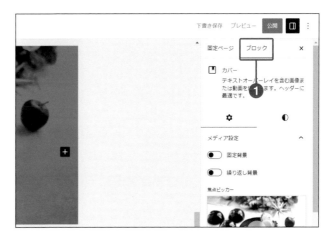

 設定サイドバーの [ブロック] タブ
「画像」ブロックや「カバー」ブロックなどの場合、[ブロック] タブに [設定] と [スタイル] があります。ブロックに対しての設定は [設定]、色やサイズなどの見た目の設定は [スタイル] で行います。

⑤ [スタイル] をクリックし❶、[オーバーレイ] をクリックします❷。

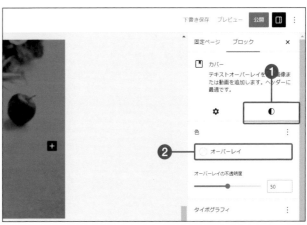

 オーバーレイとは
オーバーレイは、画像の上に重ねるフィルターのようなものです。温かみを出す場合は赤、涼しげな雰囲気は青を選ぶなどして、イメージに合う画像にできます。「カバー」ブロックに追加した画像にはあらかじめオーバーレイが設定されているので、設定サイドバーの [ブロック] タブで色や不透明度を調整します。

 ブロックを追加するには

手順3の画像の右端にある ➕ をクリックすると、ブロックを追加できます。「画像」ブロックや「段落」ブロックなど複数のブロックを重ねることで、オリジナルのデザインにすることが可能です。

「テーマ」にある［コントラスト］の色をク
リックします❶。

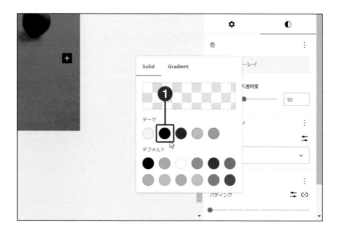

　［オーバーレイの不透明度］のスライダー
をドラッグまたは入力して、［60］にし
ます❶。

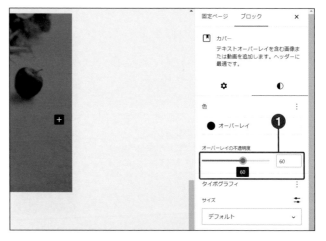

💡 **不透明度**

透明ではなく、少し色が入っているのが不透明で
す。手順7で、スライダーを右方向へ動かすと重
ねる色が濃くなり、左方向に動かすと重ねる色が
薄くなります。一番左にすると透明になります。

　画像に載せる文字を入力します❶。

✏️ **入力する文字を2行にしたい**

手順8で2行、3行にしたい場合は、入力の途中で Shift キーを押しながら Enter キーを押します。

⑨ 文字を選択した状態で、設定サイドバーの[ブロック]タブをクリックし①、「タイポグラフィ」の[カスタムサイズの設定]をクリックしてオンにします②。

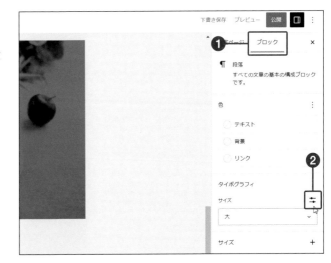

⑩ スライダーをドラッグまたは入力して、[25]pxにします①。

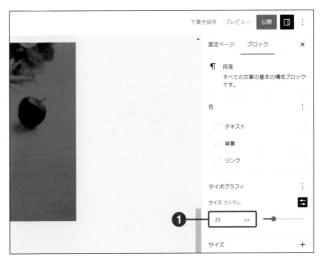

⑪ 設定サイドバーの[ブロック]タブの[テキスト]をクリックし①、[コントラスト]をクリックします②。

 文字を目立たせるには
文字の色は、写真の色によって目立つ色を選択してください。暗めの写真の場合は明るい文字、明るい写真の場合は暗めの文字にします。また、次ページ手順12のように[背景]の色を設定することで、文字を目立たせることができます。

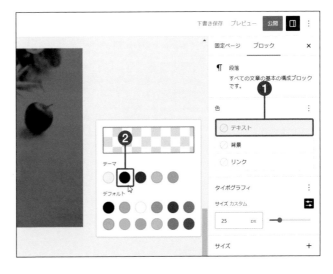

⑫ 続けて、設定サイドバーの［背景］をク
リックします❶。

⑬ 格子模様のボックスをクリックしま
す❶。カラースライダーで黄色を選択
し❷、カラーフィールドをドラッグし
て薄い黄色を設定します❸。

⑭ カラースライダーの下にある不透明度の
バーを左にドラッグして、透けるように
します❶。

 カラーコードとは

Web上の色は、英数字を組み合わせたコードに
よって表現されています。指定された色がある場
合は、コードを入力することで正確な色に設定で
きます。ここでは、手順13のボックスに「FFFCE5」
と入力すると、指定した色になります。手順14
の色は透過しているため、8桁になっています。

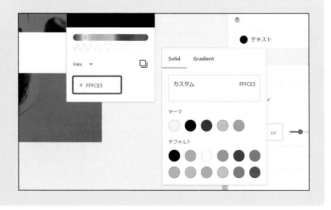

108

(15) これで、写真の上にテキストを重ねることができました❶。

(16) 「カバー」ブロックの下側にある○をドラッグします❶。

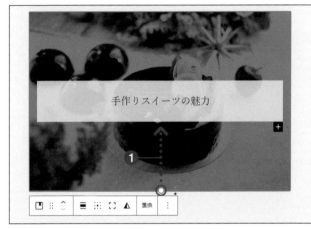

(17) 「カバー」ブロックの高さを調整できます❶。

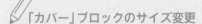「カバー」ブロックのサイズ変更

「カバー」ブロックのサイズは、設定サイドバーの［ブロック］タブの［スタイル］をクリックし、［カバー画像の最小の高さ］にピクセルで指定することも可能です。ここでは［360］pxに設定しました。

「テーブル」ブロックで
表を追加しよう

住所や営業時間、定休日などを掲載する際、「テーブル」ブロックを使うと入力がしやすく、
レイアウトも綺麗です。ここでは、料理教室の所在地と連絡先がわかる表を作成します。

「テーブル」ブロックを追加する

1 P.60を参考にして、「アクセス」という
タイトルの新しい固定ページを作成しま
す。画面左上の ＋ をクリックします❶。

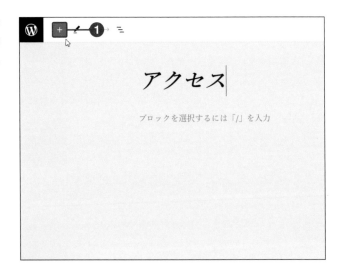

2 「テキスト」グループにある［テーブル］
をクリックします❶。

> 💡 **「テーブル」ブロックとは**
> 表を作成したいときに使うのが「テーブル」ブ
> ロックです。価格表や実績表だけでなく、今回
> の例のように、文字を整列して並べたいときに
> も使えます。背景に色をつけることもできるの
> で、見栄えよく仕上げることが可能です。

③ カラム数に「2」と入力し、行数に「2」と入力します❶。[表を作成]をクリックします❷。

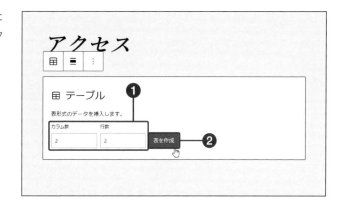

④ 2列2行の表が挿入されました❶。

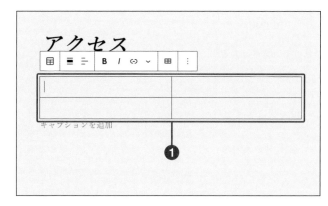

⑤ 表に文字を入力します❶。

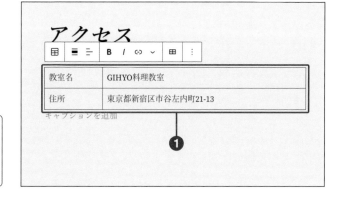

 表内の文字の書式設定
「段落」ブロックの文字と同様に、ブロックツールバーのボタンを使って、表内の文字に太字や斜体、リンクの設定を行います。

 HTMLで編集

ブロックをHTMLで編集することもできるので、HTMLの知識のある人は試してください。ブロックツールバーの[オプション]をクリックし、[HTMLとして編集]をクリックするとHTMLの編集画面に切り替えられます。元に戻す場合は、[ビジュアル編集]をクリックします。

行を追加する

 行を追加したい位置の上のセルをクリックします❶。

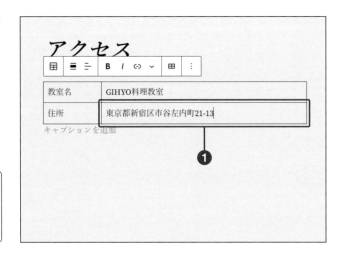

💡 **行の追加**
表を追加したときに行数と列数を指定しますが、行や列は後から追加することもできます。行の場合、上に追加するか下に追加するかを選べます。

 ブロックツールバーの[表を編集]をクリックし❶、[行を下に挿入]をクリックします❷。

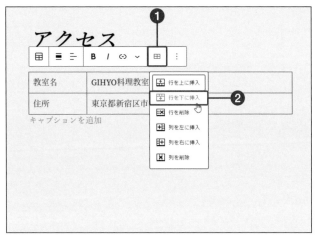

💡 **列を追加するには**
表に列を追加することもできます。セルをクリックして、[表を編集]をクリックし、[列を左に挿入]または[列を右に挿入]をクリックします。

 行が追加されました。追加した行に、文字を入力します❶。

💡 **行や列を削除するには**
行または列を削除したい場合は、削除する行または列をクリックし、ブロックツールバーの[表を編集]をクリックし、[行を削除]または[列を削除]をクリックします。

表にスタイルを設定する

 表を選択した状態で、設定サイドバーの
[ブロック] タブの [スタイル] をクリッ
クし❶、「色」の [背景] をクリックしま
す❷。

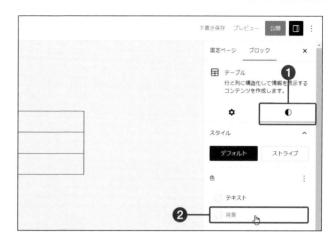

💡 **表のスタイル**
手順1の画面で、「スタイル」にある [ストライプ]
をクリックすると、設定した色が1行おきにつき
ます。

 格子模様のボックスをクリックして❶、
色を選択します❷。

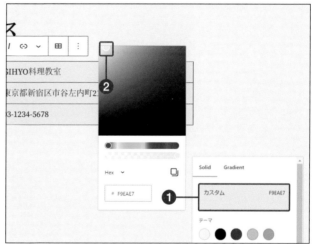

③ 色のついた表が作成できました❶。

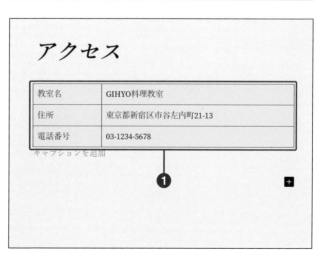

💡 **列幅を固定する**
セルに文字を入力すると、列幅が広がります。
他の列と同じ列幅にしたい場合は、設定サイド
バーの [ブロック] タブの [設定] で [表のセル幅
を固定] をオンにしてください。

「カラム」ブロックを追加しよう

「カラム」ブロックを使うと、複数のブロックを横または縦に並べることができます。
見栄えのよいレイアウトのページにしたいときに役立つので、使い方を覚えましょう。

「カラム」ブロックを追加する

① 画面左上の ⊞ をクリックして ❶、「デザイン」グループにある [カラム] をクリックします ❷。

💡 「カラム」ブロックとは

「カラム」ブロックを使うと、複数のブロックを横または縦に並べることができます。たとえば、3段組で文章を入れたい場合に、「カラム」ブロックを3分割にして、それぞれに「段落」ブロックを入れます。「カラム」ブロックという箱の中に、「段落」ブロックの箱が3つ入っているイメージです。P.166では、カラムブロックの中に3つの段落ブロックが入っているパターンを紹介します。

② ここではカラムに2つの「段落」ブロックを入れるので、[66/33] をクリックします ❶。

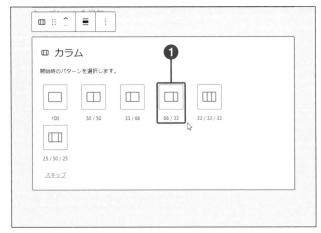

③ カラムが追加されました。右側のカラム
をクリックして田をクリックし❶、[段
落]をクリックします❷。

④ 文章を入力し❶、ブロックツールバー
の[カラムを選択]をクリックします❷。

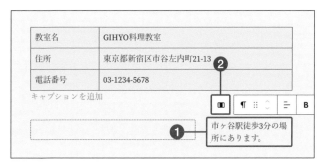

⑤ 再度[カラムを選択]をクリックしま
す❶。

⑥ カラム全体が選択されます❶。

 カラムの選択

カラムを操作するときは、[カラムを選択]の形
状を確認してください。手順4では、1つのカラ
ムを選択するため、[カラムを選択]の中央が黒
くなっています。手順5の[カラムを選択]は「カ
ラム」ブロック全体を選択するので、中央が白く
なっています。

🔲	1つのカラムを選択するとき
🔳	「カラム」ブロック全体を選択するとき

✏️ **カラムの設定**

カラムの数は、設定サイドバーの[ブロック]タブの[カラム]で、
カラムの数を指定すると変更できます。また、設定サイドバーの[ブ
ロック]タブの[スタイル]で、カラムに枠線をつけることもできます。

「カスタムHTML」ブロックで Googleマップの地図を入れよう

教室やお店に直接来てもらうために、地図を載せましょう。ここでは、Googleマップの地図を貼り付けます。一見難しそうですが、「カスタムHTML」ブロックを使えば簡単です。

Googleマップを挿入する

 Googleマップ (https://www.google.co.jp/maps/) にアクセスし、住所または店舗名を入力し Enter キーを押して地図を表示します❶。拡大する場合は、右下端にある⊕をクリックします。

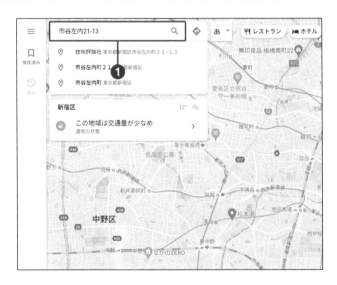

Googleマップとは
Googleが提供している地図サービスです。目的地の地図を見るだけでなく、目的地までの経路、交通状況、お店のレビューなどのさまざま機能があります。WordPressのページにGoogleマップの地図を載せるには、HTMLコードをコピーし、「カスタムHTML」ブロックを使って貼り付けます。

 店舗や会社が表示されたら、[共有]をクリックします❶。

地図に表示されない場合
店舗や会社が地図に表示されない場合は、手順2の画面左上にある☰をクリックし、[地図を共有または埋め込む]をクリックしてください。

③ [地図を埋め込む]をクリックし❶、▼をクリックして[小]を選択し❷、[HTMLをコピー]をクリックします❸。

④ P.114で追加した「カラム」ブロックの左側の⊞をクリックし❶、[検索]ボックスに「カスタム」と入力して❷、[カスタムHTML]をクリックします❸。

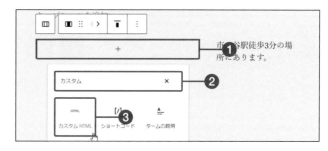

⑤ 「カスタムHTML」ブロックを右クリックし、[貼り付け]をクリックして❶、コードを貼り付けます。

⑥ ブロックツールバーの[プレビュー]をクリックすると、地図が表示されます❶。

「カスタムHTML」ブロックとは
Webサイトのページは、HTMLやCSSなどのコードで記述されており、ブラウザがそのコードを解釈することで表現できるしくみになっています。「カスタムHTML」ブロックにHTMLを入力することで、コードとして認識されるようになります。

 地図を大きく載せたい

ここでは、P.114で作成した2カラムに入れましたが、地図を大きく表示する場合は、1カラムを選択して入れてください。その場合は、手順3で[大]または[中]を選びましょう。

「横並び」ブロックで
ブロックの配置を自由に変えよう

商品写真の横に商品の説明を入れたり、人物写真の横にプロフィールを入れたりすることがあります。
スマホでもレイアウトが崩れないようにするには、「横並び」ブロックが便利です。

「横並び」ブロックを追加する

① 下部の余白をクリックしてから❶、画面左上の ➕ をクリックして❷、「デザイン」グループにある [横並び] をクリックします❸。

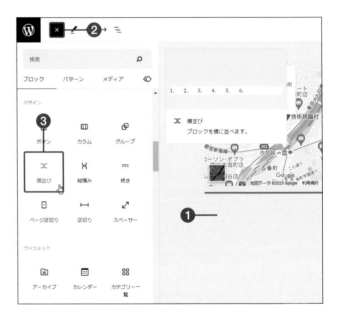

> 💡 **「横並び」ブロックとは**
> ブロックを横に並べるときに「横並び」ブロックが使われます。P.114のカラムで並べてもよいのですが、「横並び」ブロックを使うと、文字数が増えるにつれて他のカラムの幅が自動調整されます。P.183では、メニューを「横並び」ブロックを使って配置します。

② 左の ➕ をクリックし❶、[画像] をクリックして [アップデート] または [メディアライブラリ] で画像を選択します❷。

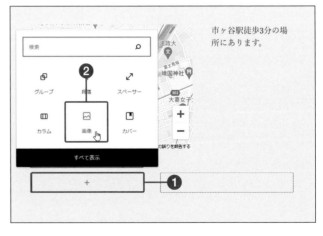

> 💡 **一覧に [画像] がない場合**
> 手順2では、よく使うブロックが表示されます。[画像] が表示されない場合は、上部の [検索] ボックスに「画像」と入力してください。

③ 画像が追加されました。画像を選択した状態で、画面左上の  をクリックして❶、[段落]をクリックします❷。

④ 文章を入力していくと❶、画像が小さく調整されていきます。ブロックツールバーの[横並び]をクリックします❷。

⑤ 「横並び」ブロック全体が選択され青で囲まれたら、設定サイドバーでブロックの設定を行います❶。

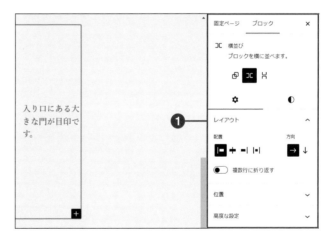

💡 **複数のブロックを横並びにする**
ここでは2つのブロックを並べていますが、手順3を繰り返して、複数のブロックを並べることも可能です。

✏ **複数行に折り返す**

パソコンでちょうどよく収まっていても、スマホで見たときに画像が小さすぎたり、文章の幅が狭すぎたりすることがあります。手順5にある[複数行に折り返す]をオンにすると、収まらない場合は改行して表示することができます。

✏ **「縦積み」ブロックとは**

「横並び」ブロックとは反対に縦に配置する「縦積み」ブロックもあり、手順1で[縦積み]をクリックすると追加できます。また、手順5の[ブロック]タブにある🔲[縦積みに変換]をクリックすると、横並びから縦積みに変更できます。

「動画」ブロックで動画を追加しよう

動画は、静止画よりも注目されやすく、臨場感を出せるので、SNSでも積極的に使われています。WordPressでは、「動画」ブロックを使ってWebサイトに動画を載せられます。

「動画」ブロックを追加する

① 下部の余白をクリックしてから❶、画面左上の■をクリックし❷、「メディア」グループにある[動画]をクリックします❸。

> 💡 **「動画」ブロックとは**
> 「動画」ブロックを使うと、簡単に動画を追加できます。P.228で紹介するスマホのアプリでも投稿できます。

② [アップロード]をクリックして❶、動画を選択します。

③ 動画が追加されました ❶。

 動画のアップロード
WordPressでは、MP4、MOV、WMV、MPEGなど、
さまざまなファイル形式の動画をアップロード
できます。一般的にはMP4が使われています。

④ 動画を選択した状態で、設定サイドバー
の[ブロック]タブで ❶、「ポスター画像」
の[選択]をクリックします ❷。

⑤ 表紙にしたい画像をクリックし ❶、[選択]をクリックします ❷。

動画の表紙画像が設定されました❶。

 消音をデフォルトにする場合は、設定サイドバーの[ブロック]タブで[ミュート（消音）]をオンにします❶。

💡 **動画を大きく表示したい**
動画をクリックし、ブロックツールバーの[配置]から[全幅]をクリックすると、画面の横幅いっぱいに動画が表示されます。スマホの画面で小さく表示させるには、設定サイドバーの[インラインで再生]をオンにしてください。また、下部のバーを非表示にする場合は、[プレイバックコントロール]をオフにします。

 [プレビュー]をクリックし❶、[新しいタブでプレビュー]をクリックします❷。

表紙の画像が表示されます❶。再生ボタンをクリックすると❷、動画が再生されます。

💡 **別の動画に変更する**

動画をクリックし、ブロックツールバーの[置換]をクリックすると、別の動画に変更することができます。

📝 YouTubeの動画を埋め込むには

YouTubeの動画を埋め込みたい場合は、まずYouTubeの動画を表示し、[共有]をクリックします。URLが表示されるので[コピー]をクリックします。P.120の手順2の画面で[URLから挿入]をクリックし、コピーしたURLを貼り付けます。あるいは、画面左上の➕をクリックし、[YouTube]をクリックして、URLを貼り付けて埋め込みます。

「メディアとテキスト」ブロックで
画像と文章を配置しよう

文章と画像を並べたいときは、「メディアとテキスト」ブロックを使います。
文章をメインとして横に画像を入れてもよいですし、画像の説明として文章を入れるのもよいでしょう。

「メディアとテキスト」ブロックを追加する

① P.60を参考にして「講師紹介」というタイトルの新しい固定ページを作成します。画面左上の ＋ をクリックし❶、「メディア」グループにある[メディアとテキスト]をクリックします❷。

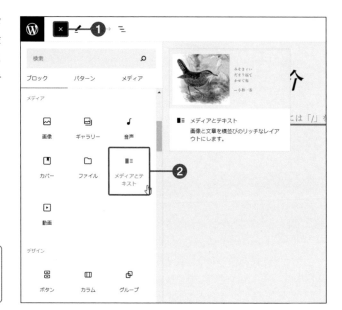

> 💡 **「メディアとテキスト」ブロックとは**
> 「メディアとテキスト」ブロックを使うと、画像や動画と文章を並べて配置することができます。

② [アップロード]をクリックして❶、画像をアップロードして選択します（P.65参照）。

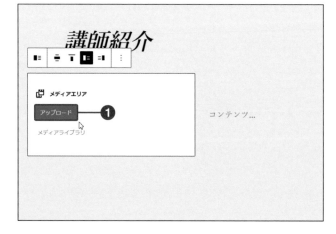

③ 右側のブロックをクリックし❶、文章を入力します❷。

④ 画像をクリックし❶、[配置]をクリックして❷、[なし]をクリックします❸。

⑤ ブロックの横幅が調整されます。境界線の〇を右へドラッグして、バランスを整えます❶。

 文章と画像の配置を入れ替える
手順5で、ブロックツールバーの[メディアを右に表示]をクリックすると、画像を右側に配置できます。左に戻したい場合は[メディアを左に表示]をクリックします。

 画像の変更
別の画像に変更したい場合は、画像をクリックし、ブロックツールバーの[置換]をクリックして他の画像を選択します。

「プルクオート」ブロックで
引用をわかりやすくしよう

ブログや紹介記事には、ネットや書籍の文章を引用文として載せることがあります。「引用」ブロックを
使ってもよいのですが、「プルクオート」ブロックを使えば、背景色も入れられるので印象がよくなります。

「プルクオート」ブロックを追加する

1 画面左上の＋をクリックし❶、「テキスト」グループにある［プルクオート］をクリックします❷。

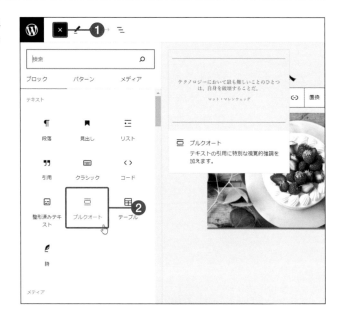

2 「プルクオート」ブロックが追加されました。［引用を追加］をクリックして❶、文章を入力します。

「プルクオート」ブロックとは
「プルクオート」ブロックを使うことで、引用文を見栄えよく強調することができます。「引用」ブロックと似ていますが、背景に色をつけたり、上下に線が入っているので、効果的に見せることができます。なお、「引用」ブロックは、画面左上の＋をクリックし、［引用］をクリックすると追加できます。

③ ［引用元を追加］をクリックして、引用元を入力します❶。

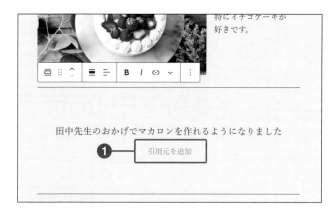

④ 「プルクオート」ブロックを選択した状態で、設定サイドバーの［ブロック］タブで［背景］をクリックし❶、色を設定します❷。

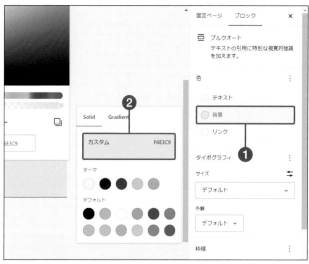

⑤ ブロックツールバーの［テキストの配置］をクリックし❶、［テキスト左寄せ］をクリックします❷。

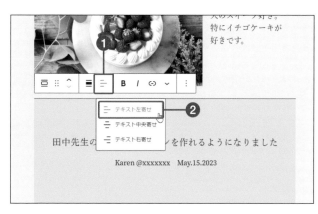

引用元の記載

別のWebサイトの文章を使いたい場合は、著作権を侵害しないために、引用元としてサイト名とURLを入力し、リンクを設定します。書籍の場合は、書籍名、著者名、出版社名を入力します。

「埋め込み」グループのブロックで SNSの投稿を載せよう

SNSの投稿をWebサイトに表示させたいときは、「埋め込み」グループのブロックを利用します。
各SNSで用意されている正式な方法で表示させましょう。

Twitterのツイートを埋め込む

 Twitterのツイートの[共有]をクリック
します❶。

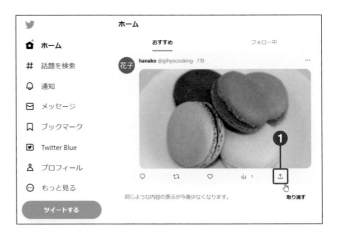

② [ツイートのリンクをコピー]をクリックします❶。

💡 **コードを埋め込む方法**
ここでは「Twitter」ブロックを使って埋め込みますが、「カスタムHTML」ブロックを使うことも可能です。その場合は、Twitterの投稿右上にある⋯をクリックし、[ツイートを埋め込む]をクリックして表示されるコードをコピーして埋め込みます。

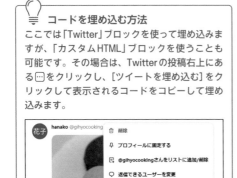

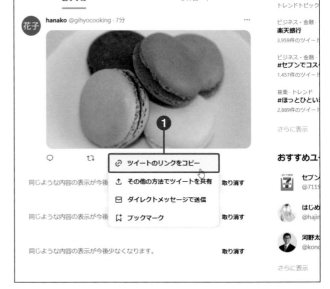

③ ページの右下の余白をクリックしてから、画面左上の ➕ をクリックして❶、「埋め込み」グループにある [Twitter] をクリックします❷。

④ 「Twitter」ブロックを右クリックして [貼り付け] をクリックし❶、[埋め込み] をクリックします❷。

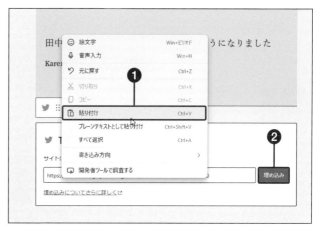

⑤ Twitterのツイートが表示されます❶。

 Xとは

2023年7月、Twitterの名称が「X」に変わりました。執筆時点ではWordPressに反映されていないため従来のTwitterで解説しますが、操作方法は同じです。

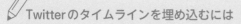 **Twitterのタイムラインを埋め込むには**

ここでは1つのツイートを埋め込みましたが、Twitterのタイムラインを埋め込みたい場合は、手順4で「https://twitter.com/Twitterのアカウント名」を入力します。

Facebookの投稿を埋め込む

1 Facebookにログインします。埋め込みたい投稿の[…]をクリックし**1**、[埋め込み]をクリックします**2**。

2 [コードをコピー]をクリックします**1**。

3 WordPressの画面左上の[+]をクリックして**1**、「デザイン」グループにある[カラム]をクリックします**2**。

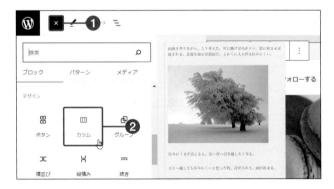

💡 **カラムを追加する**
「カスタムHTML」ブロックのみでは左寄せになってしまうので、「カラム」ブロックを追加し、カラムの中に「カスタムHTML」ブロックを追加します。その方が綺麗に収まります。

✏️ **Facebookページを埋め込むには**

ここでは、Facebookの個人アカウントの投稿を埋め込みましたが、企業や団体が使用するFacebookページを貼り付ける場合は、Meta for Developersの「ページプラグイン」のページ（https://developers.facebook.com/docs/plugins/page-plugin）でコードを取得して、「カスタムHTML」ブロックで貼り付けます。

④ [100]をクリックします❶。

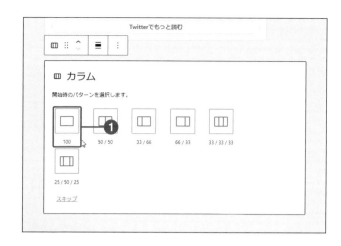

 ⑤ 画面左上の + をクリックして❶、「ウィジェット」グループにある[カスタムHTML]をクリックします❷。

⑥ 「カスタムHTML」ブロックの上で右クリックして、[貼り付け]をクリックします❶。ブロックツールバーの[プレビュー]をクリックすると❷、Facebookの投稿が表示されます。

🔅 投稿を埋め込めない

投稿に非公開や共有不可の設定がされている場合は、埋め込むことはできません。また、ブラウザの設定によっては表示されない場合があります。

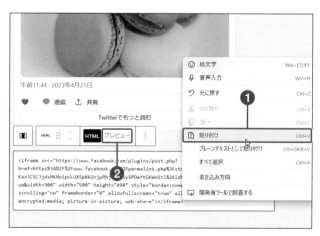

Instagram の投稿を埋め込む

① Instagramにログインし、埋め込みたい写真の右上にある⋯をクリックし、[埋め込み]をクリックします❶。

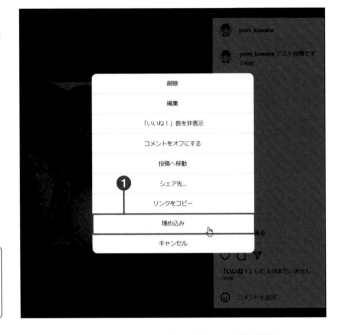

複数の投稿を埋め込む
ここでの方法は1つの投稿のみを埋め込みます。複数の投稿を埋め込む場合は、プラグインが必要です。

② 下部に表示される[埋め込みコードをコピー]をクリックします❶。

<blockquote class="instagram-media" data-instgrm-captio

☑ **キャプションを追加**

埋め込みコードをコピー ❶

この埋め込みコードを使用することで、InstagramのAPI利用規約に同意するものとします。

③ Facebookと同様に、「カラム」ブロックの中に「カスタムHTML」ブロックを追加し、コピーしたコードを貼り付けます❶。

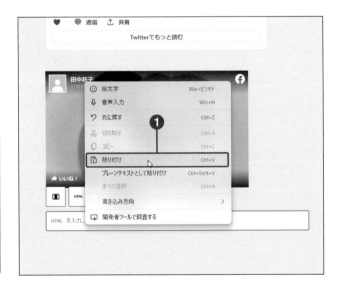

スマホでの表示でぐらつく場合
埋め込んだ投稿は横幅が広いため、スマホによっては表示したときにぐらつく場合があります。対処法として、1つのカラムを選択し、設定サイドバーの[ブロック]タブの[設定]で、[コンテント幅を使用するインナーブロック]をオンにし、[コンテンツ]と[幅広]に「100」と入力し、「px」を「%」に変更します。P.116の地図にも設定するとよいでしょう。

「ソーシャルアイコン」ブロックを追加する

① 画面左上の ➕ をクリックし❶、「ウィジェット」グループにある［ソーシャルアイコン］をクリックします❷。

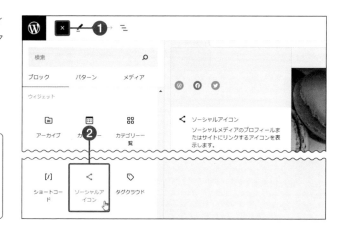

> 💡 **「ソーシャルアイコン」ブロックとは**
> Webサイトから TwitterやInstagramへ誘導したい場合は、「ウィジェット」グループにある「ソーシャルアイコン」ブロックを使ってSNSのボタンを追加し、リンクを設定します。

② ➕ をクリックし❶、［Twitter］をクリックします❷。一覧にない場合は［検索］ボックスに「twitter」と入力します。

③ 追加されたボタンをクリックし❶、Twitterのアカウントのアドレス（https://twitter.com/アカウント名）を入力して❷、［適用］をクリックします❸。

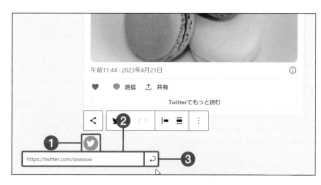

④ 同様の方法で、他のSNSのアイコンを追加します❶。

「ギャラリー」ブロックで
画像を一覧表示しよう

商品の写真を並べたいときは、「ギャラリー」ブロックを使いましょう。
画像の順序の入れ替えが簡単ですし、キャプションをつけることもできます。

「ギャラリー」ブロックを追加する

 P.60を参考にして「ホーム」というタイ
トルの新しい固定ページを作成します。
画面左上の ➕ をクリックし❶、「メディ
ア」グループにある［ギャラリー］をク
リックします❷。

```
「ギャラリー」ブロックとは
「ギャラリー」ブロックは、複数の写真を並べて
配置できるブロックです。横に並べる数を指定
することもでき、後から写真を追加することも
できます。
```

 ［アップロード］をクリックします❶。

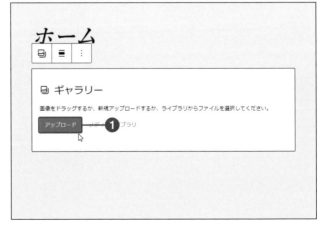

③ [Ctrl]キーを押しながら3つのファイルを
クリックし❶、［開く］をクリックしま
す❷。

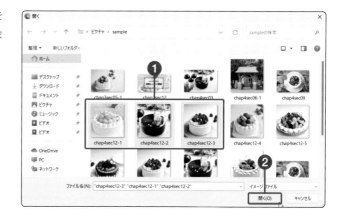

④ 3つの画像が追加されました。1つ目の
画像をクリックします❶。

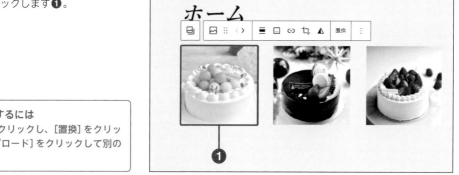

画像を変更するには
変更したい画像をクリックし、［置換］をクリッ
クします。［アップロード］をクリックして別の
写真を選択します。

⑤ 設定サイドバーの［ALTテキスト（代替
テキスト）］に、代替テキストを入力し
ます❶。同様に、他の画像にも代替テ
キストを設定します。

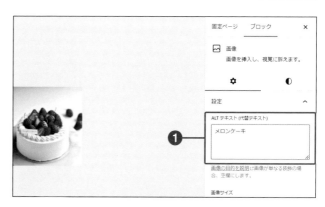

✎ **画像を円形にするには**

画像をクリックし、設定サイドバーの［ブロック］タブで［スタイル］をクリックし、［角丸］の
スライダーをドラッグすると、角を丸くできます。正方形の画像の場合は正円にできます。

画像を追加する

① 画像をクリックし、ブロックツールバーの [ギャラリーを選択] をクリックして❶、「ギャラリー」ブロック全体を選択します。

② [追加] をクリックし❶、[アップロード] をクリックします❷。

③ 3つの写真を選択し❶、[開く] をクリックします❷。先ほどと同様にALTテキストを設定します。

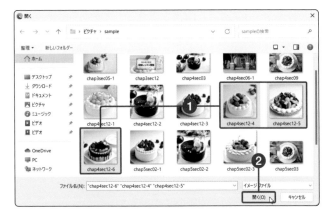

>  **ギャラリーの画像を削除するには**
> 追加したギャラリーの画像をクリックし、ブロックツールバーの [オプション] をクリックし、[削除] をクリックすると削除することができます。

✎ キャプションの追加

画像に説明をつけたい場合は、キャプションを使いましょう。画像をクリックし、ブロックツールバーの [キャプションを追加] をクリックして入力します。また、「ギャラリー」ブロック全体を選択して、ギャラリーの下にキャプションをつけることも可能です。

画像の順序を変える

① 左上の画像をクリックし、[右に移動] をクリックします❶。

② 順序が入れ替わりました❶。[ギャラリーを選択] をクリックします❷。

設定できるカラム数

手順3では、設定サイドバーの[ブロック]タブで[設定]をクリックして、横に並べるカラムの数を設定できます。追加した画像の数だけ指定でき、最大8つまで追加できます。

「テーマ」グループのブロックで
投稿一覧や投稿の抜粋を載せよう

P.196では、作成した「ホーム」のページをトップページに表示させます。
トップページでも投稿を読んでもらえるように、投稿の一部を抜粋して載せてみましょう。

「投稿一覧」ブロックを追加する

① 右下の余白をクリックしてから❶、画面左上の ➕ をクリックして❷、「テーマ」グループにある［投稿一覧］をクリックします❸。

> 💡 **「投稿一覧」ブロックとは**
> 「投稿一覧」ブロックを使うと、Chapter3で作成した投稿をページ内に表示することができます。ただし、表示できるのは公開している投稿のみです。

② ［新規］をクリックします❶。

[タイトルと抜粋] をクリックします❶。

 アイキャッチ画像を表示する

手順3で [画像、日付、タイトル] を選択すると、P.80で設定したアイキャッチ画像も表示されます。

 投稿が表示されました。投稿のタイトルをクリックし❶、ブロックツールバーの [投稿テンプレートを選択] をクリックします❷。

投稿が表示されない

表示されるのは、公開されている投稿のみです。投稿が下書きになっている場合は、公開にしてから試してください。

 [クエリーループを選択] をクリックして❶、ブロック全体を選択します。[表示設定] をクリックすると❷、表示する投稿の数を指定できます❸。

✎ **特定のキーワードの投稿のみを表示する**

デフォルトでは、新着順に投稿が表示されますが、特定のキーワードの投稿のみを表示することも可能です。手順5の画面で、設定サイドバーの [ブロック] タブをクリックし、「絞り込み」にキーワードを入力します。

 (marginal chapter tab)

「スペーサー」ブロックで
余白を調整しよう

ブロックを続けて追加すると、ブロックとブロックの間にスペースがないため窮屈に見えます。
そのようなときに役立つのが、余白を入れられる「スペーサー」ブロックです。

「スペーサー」ブロックを追加する

① 「ギャラリー」ブロックの下の中央をポ
イントし、➕をクリックします❶。

② [検索] ボックスに「ス」と入力し❶、[ス
ペーサー] をクリックします❷。

③ ○をドラッグして、高さを調整します❶。

④ 他の部分をクリックすると❶、スペースを確認できます❷。

✎ 高さを指定してスペースを入れる

たとえば、他のページと同じ高さのスペースを入れたい場合は、スペースをクリックした後、設定サイドバーの［ブロック］タブにある［高さ］に、同じ数値を入力します。ここでは「90」pxに設定しました。

「ボタン」ブロックで リンクボタンを作成しよう

「申し込み」や「購入」ページへのリンクは、文字よりもボタンになっていた方がわかりやすいです。
WordPressでは、ブロックを使って簡単にボタンを作成することができます。

「ボタン」ブロックを追加する

① P.74で作成した「体験レッスン開催」の投稿を開きます。右下の空白の部分をクリックしてから、画面左上の ➕ をクリックし❶、「デザイン」グループにある［ボタン］をクリックします❷。

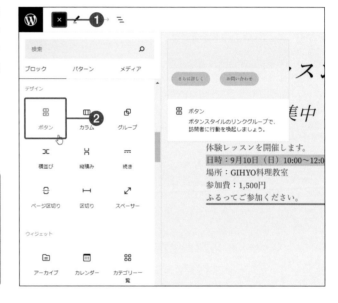

「ボタン」ブロックとは

ボタンをクリックすると、他のページやWebサイトに移動できます。あらかじめ画像を用意してリンクを設定してもよいのですが、「ボタン」ブロックを使うと、WordPress上で簡単に作成することができます。色の変更や、ボタンに丸みをつけることも可能です。

② ボタンに表示する文字を入力します❶。

③ ボタンを選択した状態で、設定サイド
バーの[ブロック]タブをクリックし❶、
[スタイル]をクリックします❷。[テキ
スト]と[背景]で、色を設定します❸。
ここでは[テキスト]を「コントラスト」、
[背景]を「オレンジ」に設定しました。

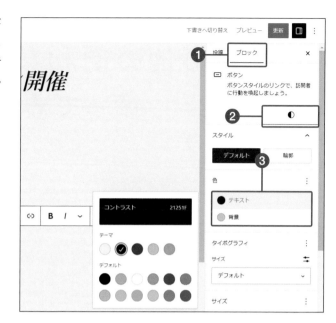

④ [角丸]のスライダーで、角の丸みを調
整します❶。

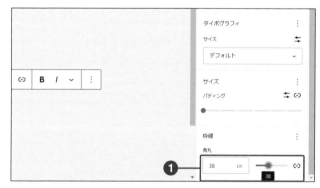

⑤ ブロックツールバーの[リンク]をクリッ
クし❶、リンク先を入力します❷。

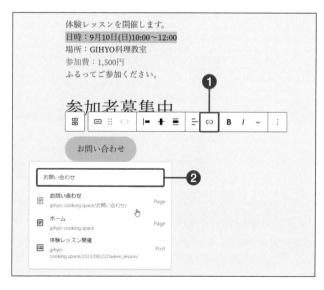

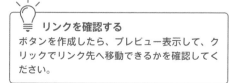

リンクを確認する
ボタンを作成したら、プレビュー表示して、ク
リックでリンク先へ移動できるかを確認してく
ださい。

その他の便利なブロックを
使ってみよう

さまざまなブロックを解説しましたが、他にも便利なブロックがあります。PDFやExcelのファイルを
ダウンロードできるようにしたり、長いページに改ページを入れたりすることができます。

「ファイル」ブロック

① 資料やパンレットのファイルをダウンロードしてもらいたいときに、「ファイル」ブロックを使います。画面左上の ➕ をクリックし、「メディア」グループにある[ファイル]をクリックしてファイルをアップロードし、ファイル名を修正します。

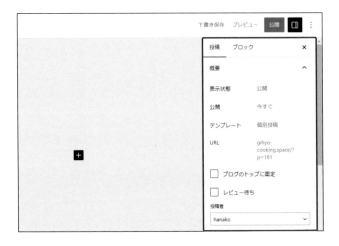

② PDFの場合は、設定サイドバーの[インライン埋め込みを表示]をオンにするとプレビューを載せることができます。

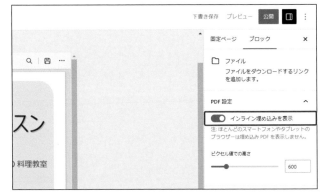

✎ ファイルをアップロードするときの注意

ExcelやWordなどのファイルをアップロードするときは、ファイルに個人情報が含まれてないかを確認してください。[ファイル]→[情報]→[問題のチェック]→[ドキュメント検査]で削除できます。

「音声」ブロック

Webサイトに音声を載せたいときは、「音声」ブロックを使います。画面左上の ➕ をクリックし、「メディア」グループにある [音声] をクリックして追加できます。

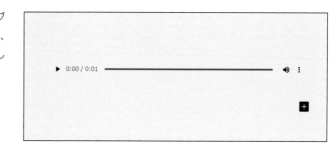

「ページ区切り」ブロック

長文のページの場合は、内容が変わる個所に「ページ区切り」を入れると、1ページ、2ページ…とページを分けることができます。画面左上の ➕ をクリックし、「デザイン」グループにある [ページ区切り] をクリックして追加できます。

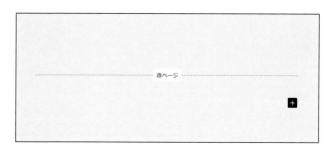

「区切り」ブロック

画面左上の ➕ をクリックし、「デザイン」グループにある [区切り] をクリックすると、内容を区切りたいところで、区切り線を入れることができます。設定サイドバーで点線にしたり、色を変えたりできます。

「クラシック」ブロック

従来WordPressを使っていた人で、ブロックエディターが使いづらいという人は、「クラシック」ブロックを利用できます。画面左上の ➕ をクリックし、「テキスト」グループにある [クラシック] をクリックして追加します。

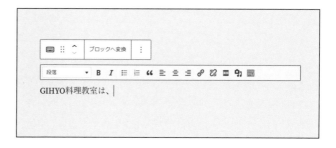

ブロックを複製・移動・削除しよう

文章や画像が入ったブロックを好きな位置に移動できるのが、ブロックエディターのメリットです。移動だけでなく、複製や削除も簡単にできます。編集作業に欠かせない操作なので、ここで確認しておきましょう。

ブロックを複製する

 コピーしたいブロックをクリックし、ブロックツールバーの［オプション］をクリックして❶、［複製］をクリックします❷。

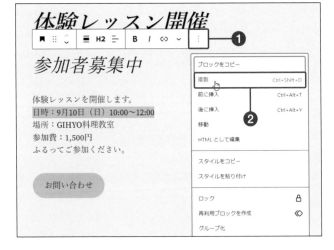

> 💡 **ブロックの複製**
> 見出しなどのブロックは、ページ内で統一した方が綺麗なので複製して使いましょう。あるいは、P.178のスタイルで統一する方法もあります。

② ブロックをコピーできました❶。

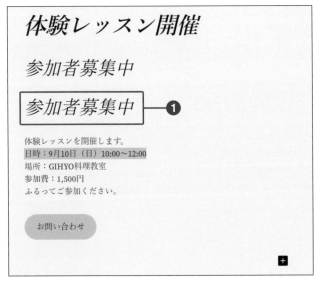

ブロックを移動する

① 移動したいブロックを選択し、［下に移動］をクリックします❶。

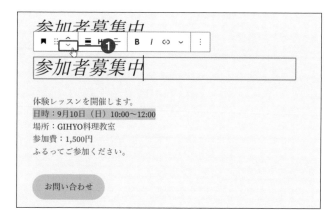

② ブロックが移動しました❶。

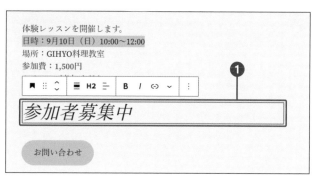

 ドラッグ操作でブロックを移動する

ブロックを移動させたい場所が離れている場合は、［上に移動］［下に移動］の左にある⊞をドラッグした方がすばやく操作できます。その際、ドラッグ先に青い線が表示されるので、青い線が目的の移動先にあることを確認してからマウスのボタンを離すようにしてください。

ブロックを削除する

① 削除したいブロックをクリックし、ブロックツールバーの［オプション］をクリックし❶、［削除］をクリックすると❷、ブロックが削除されます。

 ブロックの削除を取り消す
間違えてブロックを削除してしまった場合は、画面左上にある［元に戻す］をクリックしてください。

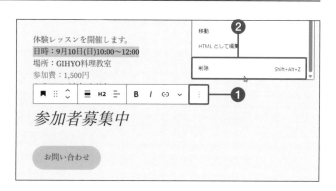

よく使う内容は同期パターンで使いまわそう

「段落」ブロックや「スペーサー」ブロックは、1回きりではなく、他のページでも使用します。
同じ設定で使いたい場合は、同期パターンを活用しましょう。

同期パターンを作成する

(1) 再利用したいブロックをクリックします。ここでは、「スペーサー」ブロックを選択します。ブロックツールバーの[オプション]をクリックして**❶**、[パターンを作成]をクリックします**❷**。

(2) わかりやすい名前を入力し**❶**、[同期]をオンにし、[生成]をクリックします**❷**。

 同期パターンにつける名前
同期パターンに入力しやすい名前をつけておくと、次回使用する際に便利です。たとえば「スペーサー90」とつけた場合、空の「段落」ブロック内で「/スペーサー90」と入力して Enter キーを押すと、追加できます。

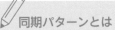 **同期パターンとは**

たとえば、同じ高さのスペースを複数個所に使いたい場合、同期パターンを使うと、どのページにも同じ高さのスペースを追加できます。ブロックの高さを変更すると、他の同期パターンにも反映されるようになっています。1つのブロックだけではなく複数のブロックをまとめて1つのパターンとして登録することも可能です。その場合は、 Ctrl キーを押しながらブロックをクリックして選択してから同期パターンを作成します。

③ 同期パターンが作成されました❶。

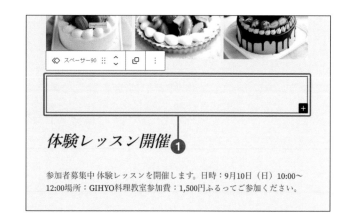

同期パターンを追加する

① 画面左上の ＋ をクリックして❶、[同期パターン]をクリックします❷。

② 作成した同期パターンをクリックすると、追加できます❶。

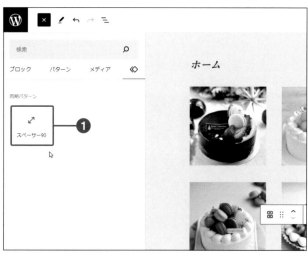

同期パターンが追加されました ❶。

通常のブロックに変換する

 同期パターンのブロックをクリックし、ブロックツールバーの［オプション］をクリックして ❶、［パターンを切り離す］をクリックします ❷。

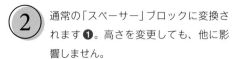 **同期パターンの変換**
作成した同期パターンとまったく同じもの使う場合はそのままでよいのですが、少し変更したいという場合は、通常のブロックに変換して使用してください。

 通常の「スペーサー」ブロックに変換されます ❶。高さを変更しても、他に影響しません。

パターンの管理
手順1で［パターンの管理］をクリックすると、作成したパターンの管理画面が表示され、名前の変更や削除ができます。

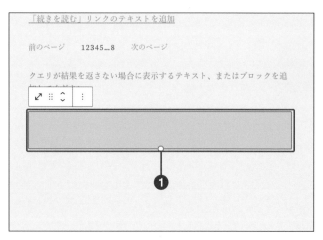

Chapter

5

レイアウトを整える
パターンを使おう

各ブロックの使い方を覚えたら、パターンを使ってみましょう。誰でも簡単にデザイン性の高いページを作れます。このChapterで主なパターンの使い方を覚えたら、配布サイトのパターンも試してください。ブロックエディターの醍醐味を実感できるはずです。

パターン機能のしくみを知ろう

ブロックを使って1つ1つ作り上げる方法以外に、あらかじめ用意されているパターンを使う方法もあります。パターンを使うと、見栄えのよいレイアウトのページを手早く作成できます。

パターンとは

Chapter4で、さまざまなブロックについて解説しましたが、レイアウトを考えるのが難しいという人もいるでしょう。そこで「パターン」がおすすめです。「パターン」は、複数のブロックを組み合わせたセットなので、見栄えのよいレイアウトのページを簡単に作ることができます。はじめから用意されているパターンだけでなく、WordPressの公式サイト（https://ja.wordpress.org/patterns/）にも、たくさんのパターンが用意されていて、コピーして簡単に使えるようになっています。

📑 Twenty Twenty-Threeで使えるパターン

● 「3カラムの画像とテキスト」（テキストグループ）

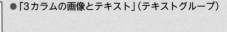

● 「説明付きのオフセット画像」（ギャラリーグループ）

パターンのしくみ

どのパターンも複数のブロックで構成されています。文字や写真を入れたり、不要なブロックを削除したりしながら完成させます。

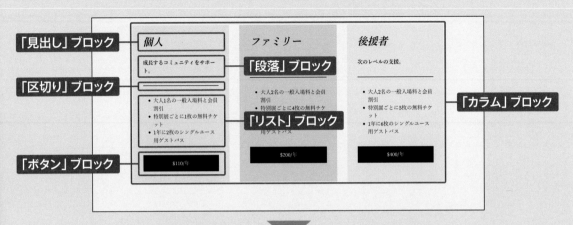

💡 パターンは、画面左上の ⊞ をクリックし、[パターン] タブから使用します。

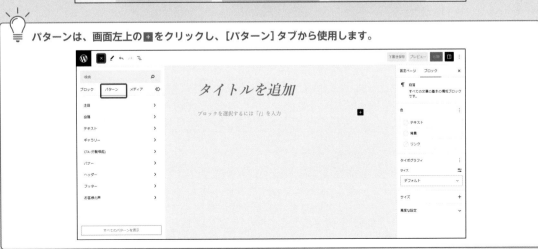

使用するパターンを
確認しよう

本書では、Twenty Twenty-Three に用意されているパターンを使ってトップページの写真や動画、コース一覧
の価格表などを作成します。さまざまなパターンに触れることで、手際よく操作できるようになります。

本書で使用するパターン

● 価格表を作成します
（P.156）

● トップページに大きな
画像を入れます（P.158）

パターンの編集

パターンは、さまざまなブロックの組み合わせで構成されています。イメージに合うように、各ブロックを修正しながら完成さ
せてください。

● お問い合わせボタンを作成します
（P.162）

● トップページの最上部に動画を追加します
（P.164）

● 3カラムのテキストを並べます
（P.166）

● 講師のプロフィールを作成します
（P.167）

価格表をわかりやすく
載せよう

商品やサービスの料金表も、パターンを使えば見栄えよく作成できます。
そのまま使用してもよいのですが、写真を追加し、文字を装飾するだけで、オリジナルの表が完成します。

「CTA（行動喚起）」パターンを追加する

① P.60を参考にして、「コース一覧」とい
うタイトルの新しい固定ページを作成し
ます。画面左上の ➕ をクリックし❶、［パ
ターン］タブをクリックします❷。

② 一覧から［CTA（行動喚起）］をクリック
し❶、「Three column pricing table」を
クリックします❷。

> 💡 **「Three column pricing table」パターン**
> 「Three column pricing table」は、「ボタン」ブロッ
> ク（P.142）を含んだ価格表のパターンです。「カ
> ラム」「見出し」「段落」「区切り」「リスト」「ボタン」
> ブロックで構成されています。

③ パターンが追加されるので、パターン内の文字を修正します。ボタンをクリックし❶、ブロックツールバーの［リンク］をクリックして❷、リンクを設定します❸。

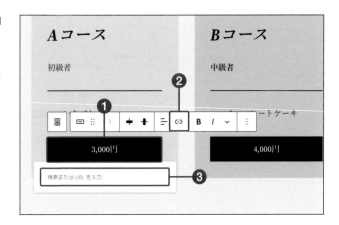

④ 金額の上中央をポイントし、■ をクリックします❶。［画像］をクリックして写真を追加します❷。一覧に［画像］がない場合は、［検索］ボックスに「画像」と入力して検索してください。

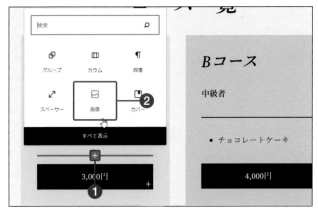

⑤ 見出しの文字をクリックし❶、［テキストの配置］をクリックします❷。［テキスト中央寄せ］をクリックし❸、文字の配置を整えます。その他、文字を太字にするなどの装飾を行います。

 見出しを解除するには
見出しの文字をクリックし、ブロックツールバーの［見出し］をクリックして［段落］をクリックすると、「見出し」ブロックを「段落」ブロックに変更することができます。

✏ **ショッピングカートにしたい**

ここでは、ボタンを作成して外部サービスへ誘導させるという設定ですが、サイト内にショッピングカートを用意したい場合は、「Welcart e-Commerce」というプラグインがあります。簡単にカートを作成でき、管理画面も見やすいです（https://ja.wordpress.org/plugins/usc-e-shop/）。

トップページに大きな画像を追加しよう

Webサイトのトップページに大きく表示するエリアを「ヒーロー」と言い、多くのWebサイトでは、大きめの写真を入れて、興味を持ってもらえるようにしています。

「バナー」パターンを追加する

① P.134で作成した「ホーム」のページを開きます。画面左上の ⊞ をクリックします①。

② [パターン]タブをクリックし①、[バナー]をクリックして②、「大きなヘッダー付きのテキストとボタン」をクリックします③。

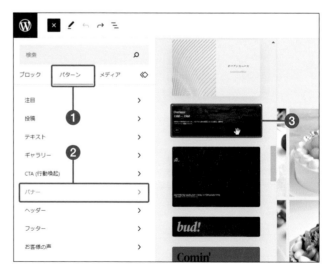

 「バナー」パターン
ここで選択する「バナー」パターンは、「カバー」ブロックに「見出し」「段落」「ボタン」「カラム」ブロックが追加されたものです。トップページに大きな画像を載せて、文字や画像を重ねて表示させたいときに役立ちます。

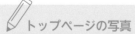 **トップページの写真**

Webサイトのイメージは、写真1枚で大きく変わります。Webサイトに無関係な写真を載せるのではなく、イメージに合う写真を選択しましょう。

追加したバナーの文字以外の部分をク
リックします❶。ブロックツールバー
の[置換]をクリックし❷、[アップロー
ド]をクリックして画像を選択しま
す❸。

 [ドキュメント概観]をクリックします❶。
[リスト表示]タブで❷、[カバー]をドラッ
グして一番上までドラッグします❸。

💡 **[ドキュメント概観]とは**
パターンはさまざまなブロックが組み合わさっ
て作られているため、目的のブロックを選択す
るのが難しい場合があります。そのような場合
に[ドキュメント概観]をクリックすると、ブロッ
クの一覧が表示され、ブロックの選択や削除、
移動ができるようになっています。

 [カバー]の⊡をクリックします❶。

💡 **ブロックを移動する際の注意**
[リスト表示]タブでブロックを移動する際には、
移動先に青い線が表示されていることを確認し
てからマウスのボタンを離してください。

ここでは「段落」ブロックと「ボタン」ブロックは使わないので、カラムごと削除します。[カラム]をポイントし❶、[⋮]をクリックして❷、[削除]をクリックします❸。

 不要なブロックを削除する
パターンに入っているすべてのブロックを使ってもよいですが、不要なブロックは削除してかまいません。ブロックツールバーで削除してもよいですが、[リスト表示]タブを使うと確実に削除できます。

 「段落」ブロックと「ボタン」ブロックが入ったカラムが削除されました。

💡 **「カバー」ブロックの画像を
ウィンドウ全体に表示させるには**
ブロックツールバーの[フルハイトを切り替え]がオンになっていると、「カバー」ブロックの画像がウィンドウの高さいっぱいのサイズになります。

8️⃣ 「Overseas:」の文字をドラッグし、「GIHYO」に修正します❶。「1500—1960」をドラッグし、「COOKING CLASS」に変更します❷。

 **画像の文字入れ**

画像編集ソフトを使って、写真にタイトルなどの文字を入れてもよいのですが、ここでのようにWordPress上で文字を入れると、スクロールしたときに動的に見せられるので、インパクトのあるページになります。

文字をドラッグして選択し❶、ブロックツールバーの[太字]をクリックします❷。

 続けて、設定サイドバーの[ブロック]タブで、[カスタムサイズを設定]をオンにし❶、「タイポグラフィ」のサイズを「70」pxと入力して❷、文字サイズを大きくします。

💡 **文字の色を変えるには**
段落ブロックの文字色を変更したい場合は、設定サイドバーの[ブロック]タブで設定します。一部の文字の色を変更する場合は、文字を選択してブロックツールバーの☑をクリックして[ハイライト]で設定してください。

 文字以外の部分をクリックし、設定サイドバーの[ブロック]タブをクリックし❶、[スタイル]をクリックします❷。[オーバーレイの不透明度]のスライダーをドラッグして「20」にします❸。

💡 **オーバーレイ**
「カバー」ブロックには、あらかじめオーバーレイが設定されています(P.105参照)。使用する写真によって文字が見えにくい場合があるので、不透明度を調整してください。

 固定背景

手順11で[設定]をクリックすると、背景画像の設定ができます。[固定背景]がオンになっていると、スクロールしたときに画像は固定されたままです。オフにすると、スクロールと一緒に画像が移動します。変化をつけたいのならオンに設定しますが、好みに合わせて選択してください。

5

レイアウトを整えるパターンを使おう

161

お問い合わせのボタンを
追加しよう

申し込みや購入前に、聞きたいことがある人がいるかもしれません。問い合わせができるように、
お問い合わせ用のボタンを追加しましょう。パターンを使えば、ボタンの周囲もセットで追加できます。

「シンプルな行動喚起 (CTA)」パターンを追加する

1 ページの右下の余白をクリックしてから、画面左上の ➕ をクリックし❶、[パターン] タブ→ [CTA (行動喚起)] →「シンプルな行動喚起 (CTA)」をクリックします❷。

2 パターン内の文字を修正します❶。

💡 **「シンプルな行動喚起 (CTA)」パターン**
「シンプルな行動喚起 (CTA)」パターンは、「見出し」「段落」「ボタン」「スペーサー」のブロックで構成されています。不要なブロックは削除して使用してください。

③ ボタンをクリックし❶、ブロックツール
バーの［リンク］をクリックして❷、お
問い合わせページへのリンクを指定しま
す（P.68）❸。

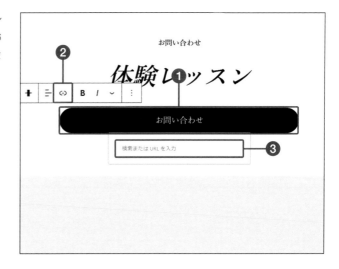

④ ボタンをクリックし❶、設定サイドバー
の［ブロック］タブの［スタイル］をクリッ
クします❷。［テキスト］と［背景］の色
を設定します（P.142参照）❸。

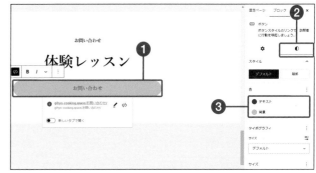

⑤ ［設定］をクリックし❶、「幅の設定」の
［25%］を2回クリックして小さくしま
す❷。

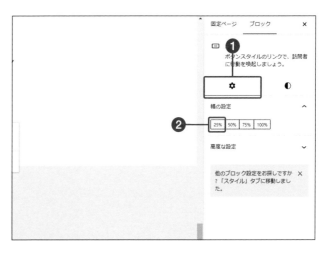

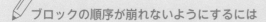
ブロックの順序が崩れないようにするには

ブロックをクリックしてブロックツールバーの［オプション］をクリックして［ロック］をクリックすると、ブロックの移動や
削除ができなくなります。

トップページに動画を載せて注目してもらおう

Webサイトのトップページに動画を載せているサイトも増えてきました。P.120の「動画」ブロックで追加してもよいですが、ここでは、パターンに含まれている「カバー」ブロックを使って動画を追加し、その上に文字を入れます。

デザイン性の高い「バナー」パターンを追加する

 画面左上の ＋ をクリックし、[パターン]タブの[バナー]→「Offset text with a brutalist design vibe」をクリックします❶。

> 💡 **パターンが見つからない場合**
> パターンは、変更される場合があります。本書の解説に使用しているパターンが見当たらない場合は、同じパターングループの中から似ているパターンを選んで操作してください。

 カバー全体を選択した状態で、[メディアを追加]をクリックし❶、[アップロード]をクリックして動画を選択します❷。

> 💡 **トップページに動画を追加する**
> 動画のサイズが大きいと、スムーズに再生できず、訪問者が他のサイトへ移動してしまいます。できるかぎり短時間の動画にし、容量も5MB以下にすることをおすすめします。なお、「カバー」ブロックの場合、スマホ用の動画を設定するにはプラグインやブロック、あるいはコードの入力が必要となります。

③ 「01.03」と「IN THE」のブロックは削除します。「☆WALK」を「GIHYO」に修正します。「PARK」を「COOKING」に修正し、Shift キーを押しながら Enter キーを押して改行し、「CLASS」と入力します❶。

④ P.159の手順4の方法で、[リスト表示]タブの「カバー」ブロックを選択します。設定サイドバーの[ブロック]タブで[スタイル]をクリックし❶、[オーバーレイ]を「ピンク」に設定します❷。[オーバーレイの不透明度]を、ここでは「10」にします❸。

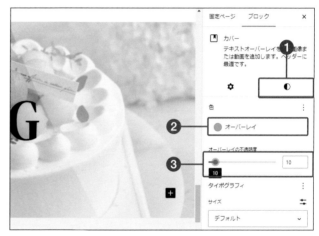

⑤ 「GIHYO」をクリックし、「タイポグラフィ」の[サイズ]を「120」pxにします。同様に、[COOKING CLASS]は、[テキスト]を「白」❶、「85」pxにします❷。完成したら、ページの最上部に移動します。

 焦点ピッカー

手順4で、[設定]をクリックすると、焦点ピッカーを使って、どの部分を焦点にするかをドラッグして設定できます。焦点を中心に表示されるので、スマホで見るとパソコンの画面と違って見えます。

テキストグループのパターンで
テキストを読みやすくしよう

段落ブロックの文章を見栄えよくするのは、意外と難しいものです。そのようなときは、テキストグループの
パターンを活用しましょう。3カラムのテキストを使うと、スタイリッシュになります。

「3カラムのテキスト」パターンを追加する

① ＋をクリックし、［パターン］タブの［テキスト］→「3カラムのテキスト」を ❶、P.134で追加した「ギャラリー」ブロックの上にドラッグします ❷。

> 💡 **「3カラムのテキスト」パターン**
> 「3カラムのテキスト」パターンは、3つのカラムで構成されています。見出しの部分にはWord Press公式サイトへのリンクが設定されているので、忘れずに変更してください。

② パターンの文字を変更します。ブロックツールバーの［カラムを選択］をクリックして ❶、［配置］から ❷、［幅広］をクリックします ❸。

> 💡 **カラムを整える**
> 追加したカラムは［全幅］になっているので、ここでコンテンツ幅に合わせるように変更します。また、次の手順3で境界線をはっきりさせるために枠線をつけます。

③ カラムを選択した状態で、設定サイド
バーの［ブロック］タブの［スタイル］で
［枠線］を「3」に設定します❶。

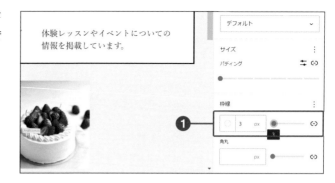

「お客様の声」パターンを追加する

① 「講師紹介」のページを開きます。画面左上の ⊞ をクリックし、［パターン］タブの［お客様の声］→「引用」を❶、
タイトルの下にドラッグします❷。

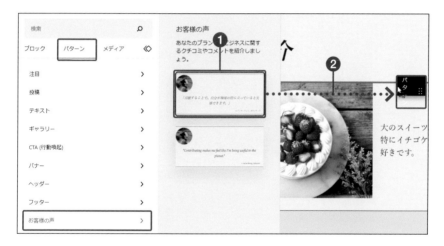

② パターン内の写真と文章を修正します❶。
設定サイドバーの［ブロック］タブで、文字サイズや文字色を変更できます❷。

いろいろなレイアウトのパターンを
使おう

あらかじめテーマに用意されているパターンだけでなく、WordPress 公式サイトや
パターンを配布しているサイトからパターンをコピーして使うこともできます。

公式サイトからパターンをコピーする

 WordPress 公式サイトのパターンギャ
ラリー (https://ja.wordpress.org/patte
rns/) には、コピーして使えるパターン
が豊富に用意されています。☑をクリッ
クし❶、「コミュニティ」をクリックし
ます❷。

パターンを配布しているサイト

WordPress 公式サイト以外にも、Vektor,Inc の「Patterns Library」(https://patterns.vektor-inc.co.jp/) や「SANGO」(https://
sangoland.app/) など、テーマの制作元がパターンを提供している場合もあります。なお、使用する際には規約を読んでから
使用するようにしてください。

② 使用したいパターンをポイントし、［コ
ピー］をクリックします❶。ここでは
［ギャラリー］タブにある「Gallery＋
Text」というパターンをコピーします。

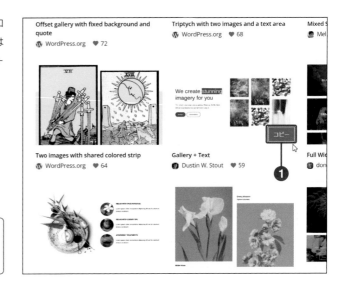

💡 **パターンを検索する**
画面上部にある［検索］ボックスにパターン名を
入力すると、パターンを検索できます。

③ 「段落」ブロック内で右クリックし❶、
［貼り付け］をクリックします❷。

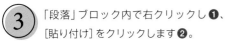

④ コピーしたパターンが貼り付けられま
す。文章や画像、リンクを修正します。

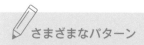 さまざまなパターン

Blog post section
企業サイトだけでなくブログサイトのトップ
ページなどに利用できます。

Short text surrounded by round images
トップページを個性的なデザインにできます。

404 Page Not Found
存在しないページにアクセスしたときに表示
させるページに利用できます。

💡 **404エラーページとは**
404エラーページは、存在しないページにアクセスされたときにエラーを表示するページのことです。メインナビゲーショ
ンの[外観]→[エディター]→[テンプレート]の「ページ：404」のテンプレートにパターンを貼り付けます。

フルサイト編集で
より見やすい
ホームページにしよう

ブロックやパターンの使い方に慣れたら、全体のレイアウトを整え
ましょう。見に来た人がWebサイト内を巡回できるようにメニュー
も設定します。少し難しい操作もありますが、手順に沿ってゆっく
り進めていけば大丈夫です。

メニューやサイドバーを設置して
見やすいホームページにしよう

Webサイトは、各ページにアクセスしやすい設計にすることが重要です。また、デザインやレイアウトによってもアクセス数が変わってきます。サイト全体を整えて、見やすいWebサイトに仕上げましょう。

テンプレートを編集する

固定ページや投稿にはテンプレートが適用されているため、レイアウトやデザインが統一されています。テンプレートを編集すると、そのテンプレートが設定されているすべてのページに反映されるしくみになっています。

テンプレートが設定されている
ページに反映されます

さらに、テンプレートの中には、テンプレートパーツという部品をはめ込むことができます。「ヘッダー」のテンプレートパーツ、「フッター」のテンプレートパーツなどを編集して、すべてのページに反映することができます。

見出しのスタイルを編集する

P.50で設定したスタイルによって、背景色や文字の書体などがすべてのページで統一されています。そのまま使用してもよいのですが、タイトルや見出しの斜体が気になるのでスタイルを編集します。

アクセスしやすいメニューにする

訪問者が目的のページにアクセスしやすいように、メニューを作成します。Twenty Twenty-Threeでは、公開したページが自動的にメニューに表示されますが、不要なページもあるので編集しましょう。また、外部サイトへのリンクをメニューに追加することもできます。

お問い合わせフォームを作成する

訪問者が問い合わせるときは、メールよりも、入力ボックスやボタンで構成された「フォーム」の方が便利です。本書では、お問い合わせフォームとして定評のある「Contact Form 7」というプラグインを使って作成します。

フッターとサイドバーを設定する

フッターやサイドバーのカスタマイズは、使用するテーマによって異なります。Twenty Twenty-Threeの場合は、サイトエディターで設定します。

● 上部にメインメニューを表示し、下部にメニューとコピーライトを入れます

投稿と固定ページのテンプレートを編集しよう

テンプレートを編集することで、レイアウトを一括して変更することができます。
フルサイト編集のテーマは、テンプレートも簡単に編集できるようになっています。

投稿のテンプレートを編集する

 ［外観］をクリックし❶、［エディター］をクリックします❷。

フルサイト編集とは
フルサイト編集（Full Site Editing、FSE）は、Webサイト内のあらゆる部分をブロックを使って編集できる、最新の機能です。ヘッダーやフッター、ナビゲーションメニューをはじめ、固定ページや投稿のベースとなるテンプレートも、ブロックを使って直感的に操作できます。

 ［テンプレート］をクリックします❶。

テンプレートとは
テンプレートは、固定ページや投稿のひな型のことです。テンプレートを編集すると、同じテンプレートのページを一括して変更することができます。フルサイト編集では、テンプレートもブロックを使って編集できるので、コードの知識は不要です。

③ スクロールして❶、[個別投稿]をクリックします❷。

④ [編集]をクリックします❶。

⑤ 投稿のテンプレートを編集できる画面が表示されます。アイキャッチ画像をクリックし❶、設定サイドバーの[スタイル]をクリックし、[オーバーレイの不透明度]を「0」に設定します❷。

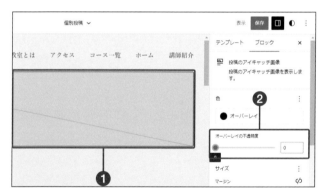

✏️ テンプレートを
デフォルトに戻したい場合

操作しているうちにレイアウトが崩れてしまい、はじめからやり直したい場合は、P.176の手順2で▐をクリックし❶、[カスタマイズをクリア]をクリックしてください❷。

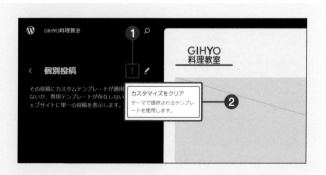

⑥ スクロールして、［高さ］を「300」pxに
設定し❶、［余白あり］をクリックしま
す❷。［保存］を2回クリックして保存
します❸。

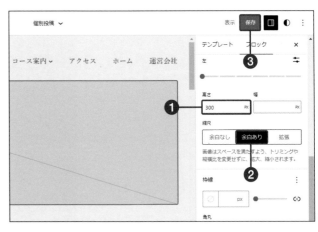

💡 ヘッダーは修正しない

上部のサイト名の部分は「ヘッダー」テンプレート
のパーツで、他のテンプレートにも使われていま
す。ここで編集すると他のテンプレートも変更
されてしまうので、修正しないようにしてくだ
さい。

固定ページのテンプレートを編集する

① 画面左上の🅦をクリックします❶。

② ⟨をクリックします❶。

③ [固定ページ]をクリックします❶。

④ [編集]をクリックします❶。

⑤ [リスト表示]をクリックし❶、[グループ]の⟩をクリックします❷。

 **テンプレートの編集**
本書では、ブロック操作の基本を覚えてからテンプレートの設定をしましたが、実際にはページ作成時にプレビューで確認することもあるので、先にテンプレートを設定することをおすすめします。

⑥ [コメント]の⋮をクリックし❶、[削除]をクリックします❷。[保存]を2回クリックして保存します。次のSectionに続きます。

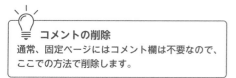 **コメントの削除**
通常、固定ページにはコメント欄は不要なので、ここでの方法で削除します。

見出しのスタイルを編集しよう

各ページのタイトルや見出しの文字が斜体になっていますが、これはP.50で設定したスタイルに、斜体の見出しが設定されているからです。スタイルを編集することで、これを解決します。

見出しのスタイルを編集する

① テンプレート画面の右上にある[スタイル]をクリックし❶、[スタイルブック]をクリックして❷、スタイルサイドバーを表示します。

スタイルブック
手順1でスタイルブックを表示させると、プレビューを見ながら設定できます。

② [タイポグラフィ]をクリックします❶。

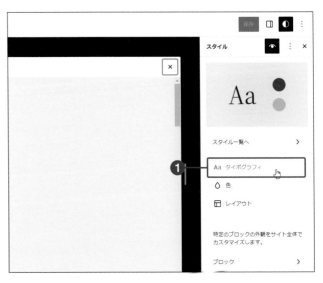

その他のスタイル
ここでは見出しのみ変更しますが、P.142の「ボタン」の色、P.110の「テーブル」の背景色も、スタイルを使えば、サイト内のすべての箇所に同じ設定が反映されるしくみになっています。ただし、個別のページで設定した場合は、ページでの設定が優先されます。なお、フォントのサイズや行の高さも変更できますが、いろいろ変更するとバランスが悪くなることもあるので、はじめのうちは最小限の設定にしておきましょう。

③ ［見出し］をクリックします❶。

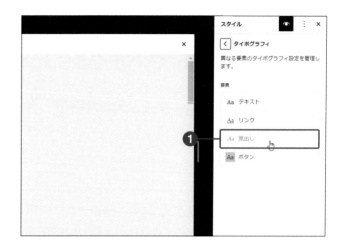

④ ［すべて］をクリックし❶、［外観］の☑をクリックして［標準］を選択します❷。

H1、H2とは
HTML（Webページ作成に使用する言語）では、見出しのタグを「h」で表します。「h1」が大見出しで、「h2」が次に大きな見出しです。ページタイトルにはh1が設定されているため「H1」、P.76で追加した見出しは「H2」になります。ここではすべての見出しを変更して反映させるので、［すべて］をクリックしています。

⑤ 左側のプレビューで斜体が解除されたことを確認し❶、［保存］を2回クリックして保存します❷。

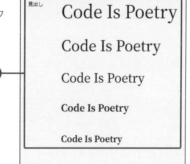

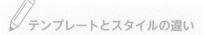
テンプレートとスタイルの違い

どちらも一括で設定できるので混乱しやすいですが、テンプレートはページに設定するひな型のことで、スタイルは色やサイズなどの見た目を決めるものです。

WordPressのメニューの
しくみを知ろう

Chapter4と5で複数のページを作成しましたが、Webサイトを見に来た人が各ページにアクセスできるようにするにはメニューが必要です。まずは、メニューのしくみを理解しましょう。

メニューのしくみ

Webサイトを見に来てくれた人は、何らかの情報を探しているはずです。ですが、どこに何があるかわらかないと迷ってしまい、あきらめて別のサイトへ移動してしまいます。そこで、サイトのトップページにメニューを設置して案内するようにします。トップページ以外にもメニューが表示されていれば、毎回トップページに戻らなくても、ページ間を自由に行き来できるようになります。

● トップページの上部にメニューがあると目的のページにたどりやすくなります

メニューの位置
本書では、ページの最上部にメニューを表示させますが、サイトによってはページの左側やトップ画像の下に表示させている場合もあります。

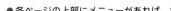
● 各ページの上部にメニューがあれば、わざわざトップページに戻らなくても移動できます

メニューの階層化

最終的には、6つのメニュー項目を表示させます。「コース案内」の下には、「コース一覧」と「講師紹介」をサブメニューとして表示します。

別のメニューを作成する

メニューは1つとは限りません。新たにメニューを作成して、ページの下部やサイドバーに表示できます。縦長のページの場合、ページ下部にも「ホーム」へのリンクがあれば、スクロールで先頭に戻る必要がなくなります。

メニューを作成して表示しよう

本書で使用しているテーマ「Twenty Twenty-Three」は、ページを公開すると自動的にメニューに追加されるようになっています。不要なページが追加されていないか確認してください。

メニューを編集する

① P.72の方法で、メニューを編集する固定ページを公開にしておきます。[外観]→[エディター]をクリックします❶。

> 💡 **メニューを編集するときの注意**
> メニューを編集するためには、固定ページが公開になっている必要があります。

② [パターン]をクリックします❶。

> 💡 **メニューの作成方法**
> 本書で使用している「Twenty Twenty-Three」はフルサイト編集に対応しているので、「ヘッダー」のテンプレートパーツを使ってメニューを作成します。

③ [ヘッダー] をクリックし❶、[ヘッダー]
をクリックします❷。

④ [編集] をクリックします❶。

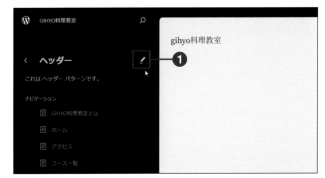

⑤ メニューの部分をクリックし❶、[編集]
をクリックします❷。

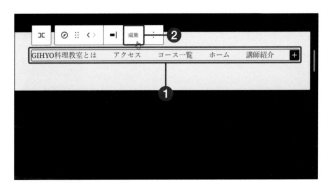

⑥ 「ホーム」をクリックし❶、ブロックツー
ルバーの [オプション] をクリックしま
す❷。

［削除］をクリックします❶。

メニュー項目の削除
メニューに表示させたくない項目は削除しましょう。

⑧ 「アクセス」をクリックし❶、［右に移動］を何度かクリックして❷、一番右に移動します。

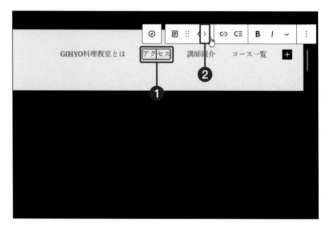

⑨ メニューの順序を入れ替えました❶。

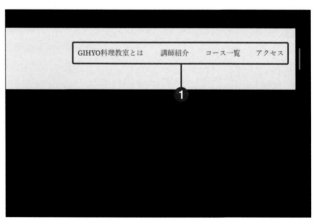

メニュー名の変更

メニュー項目にはページタイトルが表示されますが、手順8の画面でクリックして別の名前に変更することも可能です。特に長いページタイトルの場合は、スペースを取るので変更しましょう。

外部サイトへのリンクをメニューに追加する

① メニューの部分をクリックし**❶**、➕をクリックします**❷**。

② ➕をクリックします**❶**。リンク先のURLを入力し**❷**、Enter キーを押します。

③ 「運営会社」と入力します**❶**。次のSectionに続きます。

リンク先の設定

メニュー項目を追加する際には、ナビゲーションメニューを選択した状態で➕をクリックします。他のブロックを選択しているとメニュー項目が追加されないので気をつけてください。なお、ここでは運営会社へのリンクにしましたが、必要に応じてブログサービスやネットショップなどの外部サイトをリンク先に指定して誘導しましょう。

メニューに階層を作ってまとめよう

ナビゲーションメニューのメニュー項目が多いとスペースを取りますし、かえって探すのが大変です。
そこで、関連のあるメニュー項目をひとまとめにして、サブメニューを作成しましょう。

サブメニューを作成する

① P.185の手順1と同様に **+** をクリックします。「コース案内」と入力し**❶**、 Enter キーを押します。

② 作成した「コース案内」を選択した状態で**❶**、 **<** をクリックして「GIHYO料理教室とは」の右側に移動します**❷**。

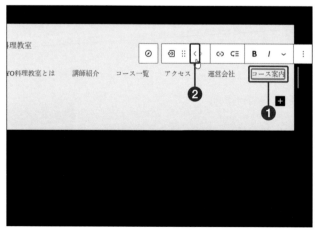

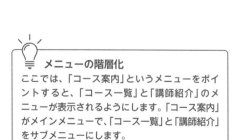

💡 メニューの階層化

ここでは、「コース案内」というメニューをポイントすると、「コース一覧」と「講師紹介」のメニューが表示されるようにします。「コース案内」がメインメニューで、「コース一覧」と「講師紹介」をサブメニューにします。

③ ［リスト表示］の［ナビゲーション］をクリックして❶、ナビゲーション全体を選択します❷。

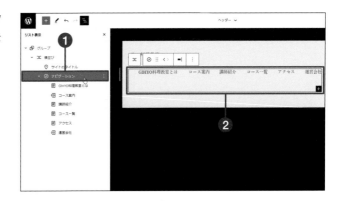

④ ［設定］をクリックし❶、設定サイドバーで、「コース一覧」を「コース案内」の下へドラッグし、右側にドラッグしてずらしてサブメニューにします❷。

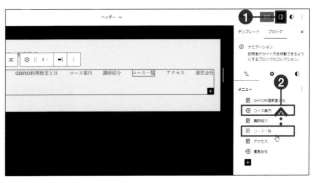

💡 スタイルと設定の切り替え
P.178の操作で［スタイル］をクリックしたままの場合は、この手順で［設定］をクリックして切り替えます。

⑤ 「コース一覧」がサブメニューになりました❶。同様に「講師紹介」を「コース一覧」の下にドラッグして配置します❷。「コース案内」をクリックします❸。

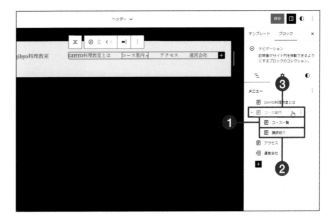

💡 ドラッグがうまくいかない場合
青い線を見ながらドラッグしましょう。青い線が左端まで伸びているとメインメニューになります。斜めにドラッグするのではなく、まっすぐ上にドラッグし、その後右側に向かってドラッグしてずらしてください。なお、サブメニューの下にさらにサブメニューを作ることもでき、3階層まで可能です。

⑥ 「コース案内」のリンク先は不要なので、URLボックスに「#」と入力します❶。右上の［保存］をクリックして保存し❷、左上の［戻る］をクリックして戻ります。

ロゴとサイトアイコンを
追加しよう

お店をイメージするロゴを作成して、上部に配置しましょう。ブラウザのタブやブックマークに
表示させる小さな画像も、WordPressでは簡単に設定できます。

ロゴを設定する

① P.187の画面で、左上にあるサイトタイトルをクリックし❶、ブロックツールバーの［サイトのタイトル］をクリックします❷。

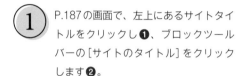

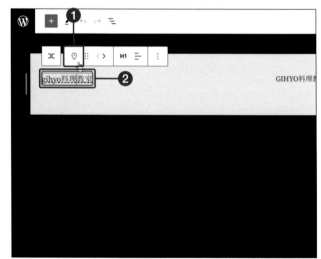

② ［サイトロゴ］をクリックします❶。

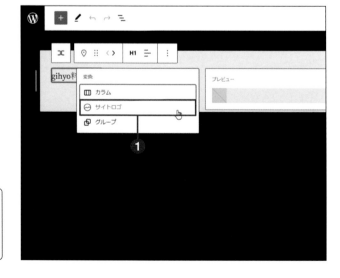

サイトロゴとは
サイトロゴは、会社名や店舗名などをイメージした画像のことです。「サイトロゴ」ブロックを使って設定できます。

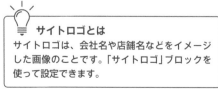

「サイトロゴ」ブロックに変換されます。アイコンをクリックして ❶、ロゴにする画像をアップロードして指定します。

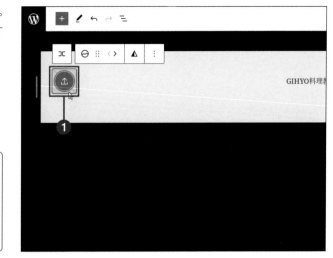

 サイトロゴの作成方法

サイトロゴはWindowsの「ペイント」アプリで作成してもかまいませんが、Adobe Express（https://www.adobe.com/jp/express/）やCanva（https://www.canva.com/）を使用すると、テンプレートを元に見栄えのよいロゴを作成できます。

 追加したサイトロゴをクリックし、右または下の〇をドラッグしてサイズを調整します ❶。

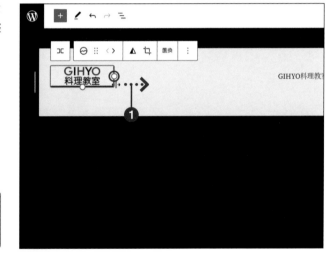

 ヘッダーに使用しているブロック

ここでのヘッダーは、P.118で解説した「横並び」ブロックで作成されています。

 サイトロゴが作成できました ❶。右上の[保存]を2回をクリックして保存します。

 サイトタイトルを残す場合

P.188でロゴに変更せずにサイトタイトルを表示したままにする場合は、英字を大文字に変更しましょう。P.188の手順1でタイトルをクリックした後、設定サイドバーの[ブロック]タブの[スタイル]で、最下部にある[大文字]をクリックしてください。

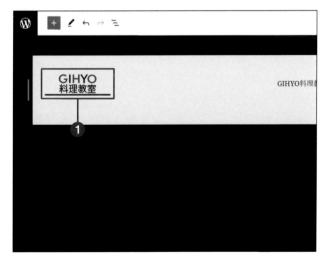

サイトアイコンを設定する

① サイトロゴをクリックします❶。

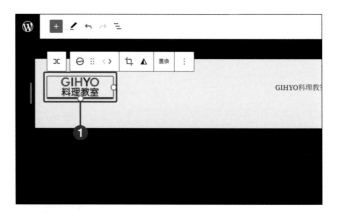

② 設定サイドバーの［ブロック］タブの［設定］をクリックし❶、［サイトアイコンとして使用する］をオフにします❷。［サイトアイコン設定］をクリックします❸。

✎ **サイトロゴにトップページへのリンクを張る**

サイトロゴをクリックしたときに、トップページに移動するようにするには、手順2の画面で［画像にホームへのリンクを付ける］をオンにします。

③ [サイトアイコンを選択] をクリックして❶、サイトアイコンにする画像をアップロードして設定します。

④ [公開] をクリックします❶。[サイトエディターを使う] をクリックします❷。

⑤ 設定したアイコンが左上に表示されます❶。◀をクリックすると、ダッシュボードに戻ります❷。

 サイトアイコンとは

サイトアイコンとは、ブラウザのタブやブックマークに表示される小さなアイコンのことです。検索結果のタイトルの横にも表示されます。Twenty Twenty-Three の場合、何も設定しないとP.188で設定したサイトロゴがサイトアイコンになります。ロゴが正方形でない場合は左右が途切れてしまうので、推奨サイズ512×512pxの画像を用意して設定しましょう。

フッターにコピーライトを入れよう

Webサイトにも著作権があります。著作権表記は義務ではないですが、
コピーライトは表示させておいた方がよいでしょう。

フッターにコピーライトを入力する

①　[外観]→[エディター]→[パターン]→
[フッター]→[フッター]をクリックします❶。

②　[編集]をクリックします❶。

フッターの編集

ページ上部のヘッダーに対して、ページの下部
がフッターです。手順3の「Proudly powered by
WordPress」は、WordPressで作られていると
いう意味で表示されています。本書で使用して
いるテーマはWordPressの公式テーマなので削
除しても問題ありませんが、テーマによっては、
開発元が著作権表記の削除を禁止している場合
があるので注意してください。

③ フッターの「Proudly powered by Word
Press」を、「Copyright ©2023 GIHYO
COOKING CLASS」に書き換えます❶。

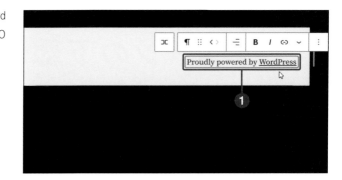

④ フッターの「gihyo料理教室」をクリック
し❶、ブロックツールバーの[オプショ
ン]をクリックして❷、[削除]をクリッ
クします❸。

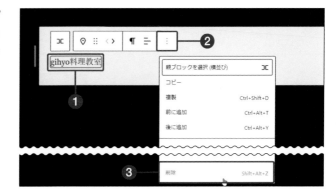

⑤ 「Copyright ©2023 GIHYO COOKING
CLASS」をクリックし、ブロックツール
バーの[横並びを選択]をクリックしま
す❶。

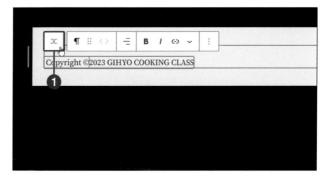

⑥ [項目の揃え位置を変更]をクリック
し❶、[中央揃え]をクリックします❷。
画面右上の[保存]をクリックして保存
します❸。

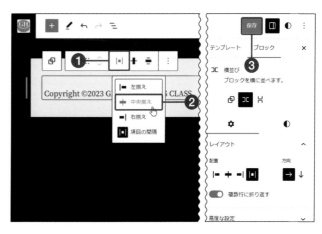

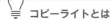 コピーライトとは

コピーライトは、著作権で保護されているとい
うことを示す表記です。さまざまな記述方法が
ありますが、ここではコピーライトマークの「©」
と年号、Webサイト名を入れています。

各ページの下部にメニューを表示しよう

P.186で上部にナビゲーションメニューを表示しましたが、各ページの下部にもメニューを入れることができます。ここでは、ヘッダーのメニューとは別に、新たにメニューを作成して表示させます。

新しいナビゲーションを追加する

① 「プライバシーポリシー」の固定ページを公開にしておきます。P.193の画面で、[リスト表示] をクリックし①、[グループ] をクリックします②。

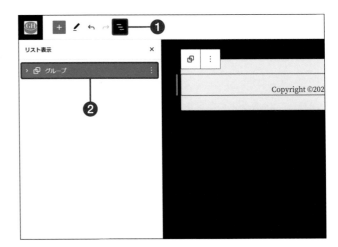

② 画面左上の ➕ をクリックし①、[テーマ] グループの [ナビゲーション] をクリックします②。

✏️ スマホのメニューアイコン

スマホでのメニューは、デフォルトでは二本線のアイコンになります。三本線に変更したい場合は、ナビゲーションを選択した状態で、設定サイドバーの [ブロック] タブの [設定] をクリックします。[表示] をクリックし、[オーバーレイメニュー] の [モバイル] をクリックして、☰ をクリックします。ここで設定するフッターのメニューはアイコンは不要なので、[オフ] を選択して、アイコンを非表示にしましょう。

③ 設定サイドバーの[ブロック]タブで「メニュー」の⠿をクリックし❶、[新規メニュー作成]をクリックします❷。

💡 **新規メニュー作成**

手順2で追加したナビゲーションをそのまま編集すると、ヘッダーで設定したメニューが変更されてしまうので注意してください。まったく同じものならそのまま使用してもよいのですが、ここでは別の項目にするため新規にメニューを作成します。

④ ⊞をクリックし、リンク先を追加します❶。ここでは「ホーム」と「プライバシーポリシー」を追加します。

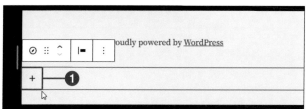

⑤ [リスト表示]をクリックし、[ナビゲーション]をクリックして❶、[項目の揃え位置を変更]をクリックして[中央揃え]をクリックします❷。

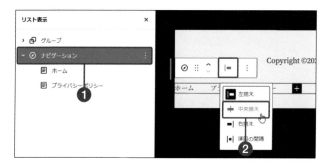

⑥ [上に移動]をクリックして、メニューをコピーライトの上へ移動します❶。右上の[保存]をクリックして保存します❷。保存したら左上のサイトアイコンを2回クリックして、ダッシュボードに戻ります❸。

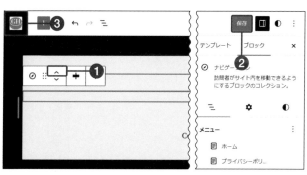

 **フッターの編集**

追加したナビゲーションの上にP.145の「区切り」ブロックを追加すると、本文とフッターの間に区切り線を入れられます。また、「段落」ブロックで住所を追加したり、「ソーシャルアイコン」ブロックでSNSのボタンを追加したりするなど、ブロックを使って自由に作成できます。

固定ページをトップページに
表示しよう

何も設定しないと、投稿の記事がトップページに表示されます。トップページから入ってくる訪問者が
多いので、オリジナルのページをトップページにして、インパクトのあるWebサイトにしましょう。

作成した固定ページをトップに表示する

1　[設定] をクリックし❶、[表示設定] を
クリックします❷。[固定ページ (以下
で選択)] をクリックします❸。

2　[ホームページ] の ☑ をクリックし、
[ホーム] をクリックします❶。[変更を
保存] をクリックします❷。

 トップページ
デフォルトでは、投稿がトップページに表示さ
れますが、固定ページが表示されるように変更
することができます。オリジナルの固定ページ
を作成し、ホームページとして設定することで、
印象的なWebサイトになります。

トップページ用のテンプレートを作成する

1 P.134で作成した「ホーム」の固定ページを開きます。[テンプレート]の[固定ページ]をクリックし①、[テンプレートを追加]をクリックします②。

💡 **トップページのテンプレート**
固定ページ「ホーム」には、「固定ページ」というテンプレートが設定されています。このままではページタイトルが表示されてしまうので、新しくテンプレートを作成し、タイトルのブロックを削除します。なお、テーマによってはトップページ用のテンプレートが用意されている場合があります。

2 「top」と入力し①、[生成]をクリックします②。

💡 **テンプレート名**
執筆時点では、日本語のテンプレート名で作成することができないので、英字で入力します。

3 [ドキュメント概観]をクリックし①、一番上の[グループ]の⋮をクリックし②、[削除]をクリックします③。

💡 **不要なブロックを削除する**
ここではトップページ用のテンプレートを作成しましたが、上部のサイト名とキャッチフレーズ、タイトルは不要なので削除します。

6
フルサイト編集でより見やすいホームページにしよう

④ タイトルも削除するので、残った［グループ］の ⌄ をクリックして展開し ❶、［グループ］の ⁝ をクリックして ❷、［削除］をクリックします ❸。

⑤ 画面左上の ➕ をクリックして ❶、［ブロック］タブをクリックし ❷、［テンプレートパーツ］を最上部にドラッグします ❸。

⑥ ［選択］をクリックし ❶、P.182で作成したヘッダーをクリックします ❷。

⑦ 区切り線をクリックし❶、ブロックツールバーの[オプション]をクリックし❷、[削除]をクリックします❸。

フッターを追加する

① ページの一番下までスクロールして、空白の部分をクリックします❶。画面左上の➕をクリックし、[ブロック]タブの[テンプレートパーツ]をクリックします❷。

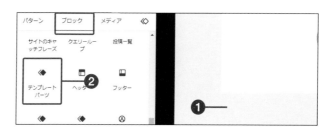

② [選択]をクリックし❶、P.192で作成したフッターをクリックします❷。画面右上の[更新]をクリックし、[保存]をクリックします。

✎ 作成したテンプレートを削除するには

間違えて作成したテンプレートを削除するには、[外観]→[エディター]→[テンプレート]をクリックし、下部にある[すべてのテンプレートを管理]をクリックします。削除するテンプレートの⚬をクリックし、[削除]をクリックします。

プラグインを使ってお問い合わせ
フォームを作ろう

Webサイトを見た人は、何か聞きたいことがあるかもしれません。そのような場合に、メールを使わなくても、
フォームから送信できるようにしましょう。プラグインを使いますが、意外と簡単に作れます。

「Contact Form 7」をインストールする

① ［プラグイン］をクリックし❶、［新規追加］をクリックします❷。

> **プラグインとは**
> WordPressでは足りない機能があった場合、プ
> ラグインというツールを使って補うことができ
> ます。必要な機能をWordPress内で検索し、イ
> ンストールすることで使えるようになります。

② 「contact」と入力します❶。

プラグインの更新

P.224でプラグインの管理について説明しますが、
はじめからインストールされているプラグインに
更新のメッセージが表示されている場合は［更新］
をクリックして、最新の状態にしてください。

③ 「Contact Form 7」の［今すぐインストール］をクリックします❶。

💡 **Contact Form 7**
「Contact Form 7」は、日本人が開発したお問い合わせフォームのプラグインで、多くのサイトで使われています。

④ ［有効化］をクリックします❶。

⑤ 「Contact Form 7」のプラグインが有効になりました❶。

💡 **プラグインの有効化**
プラグインは、インストールしただけでは使えません。有効化するのを忘れないようにしましょう。手順5で水色の背景になっているのが、有効化しているプラグインです。なお、プラグインの管理についてはP.224で説明します。

✏ 人気やおすすめのプラグイン

手順3の画面上部の［人気］や［おすすめ］をクリックすると、よく使われているプラグインが表示されます。また、各プラグインには評価とインストール数が表示されているので参考にしてください。

お問い合わせフォームを作成する

① [お問い合わせ]をクリックし❶、[コンタクトフォーム1]をクリックします❷。

② フォームの編集画面が表示されます❶。

③ [メール]タブをクリックし、[送信先]にメッセージを受け取るメールアドレスを入力します❶。[保存]をクリックします❷。

メールアドレスの設定
[送信先]には、問い合わせのメールを受け取るメールアドレスを入力します。Gmailは届かないケースがあるので別のアドレスをおすすめします。設定しない場合は、メインナビゲーションの[設定]→[一般]に設定してある管理者メールアドレス宛に届きます。

④ 上部のショートコードを右クリックして①、[コピー]をクリックします②。

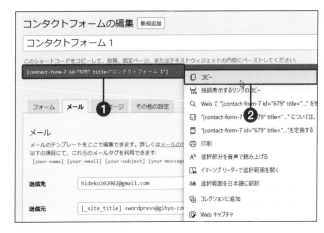

固定ページにフォームを設置する

① 「お問い合わせ」というタイトルの固定ページを作成します。画面左上の ⊞ をクリックし①、[ショートコード]をクリックします②。

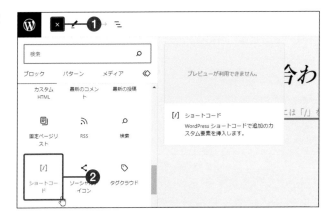

② ボックス内を右クリックし①、[貼り付け]をクリックします②。

💡 「ショートコード」ブロックとは
「ショートコード」ブロックは、コードを入れられるブロックです。

③ [パーマリンク] でお問い合わせページ
のURLを英数字に変更して ❶、公開し
ます ❷。

④ お問い合わせページにアクセスし、入力
し ❶、[送信] をクリックして ❷、メー
ルが届くことを確認します。

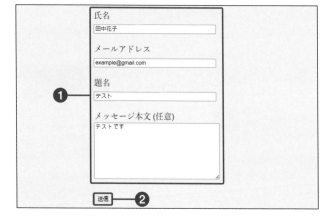

> 💡 **フォームの動作確認**
> メールが届かない場合は、フォームの編集画面
> で [メール] タブに入力したアドレスを確認して
> ください。また、受信したメールが迷惑メール
> に入っている場合もあるので確認しましょう。

フォームを編集する

① [お問い合わせ] をクリックし ❶、[コン
タクトフォーム 1] をクリックして開き
ます ❷。

② ［フォーム］タブの「メッセージ本文（任意）」を「お問い合わせ内容」に変更します**❶**。

> 💡 **ラベル**
> 「label」は、項目名として表示するためのものです。ここではお問い合わせのフォームなので、「メッセージ本文」を「お問い合わせ内容」に修正します。

③ 題名は不要なので、ドラッグして選択し、[Delete]キーを押して削除します**❶**。下部の［保存］をクリックします**❷**。

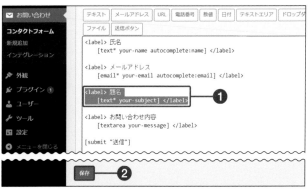

🖉 送信後のメッセージを変更するには

送信後、何も設定しないと、「ありがとうございます。メッセージは送信されました。」と表示されます。他のメッセージにしたい場合は、フォームの編集画面の［メッセージ］タブで内容を変更できます。

🖉 メニューに追加する

お問い合わせフォームが完成したら、［外観］→［エディター］→［パターン］→［ヘッダー］をクリックし、メニューに「お問い合わせ」ページへのリンクを追加します。

🖉 フォームを作り直したい

フォームを新しく作成するには、P.202の手順1の画面上部の［新規追加］をクリックします。不要なフォームを削除する場合は、フォームにチェックをつけて、［一括操作］の☑をクリックして［削除］に設定し、［適用］をクリックします。

サイドバーを表示しよう

Chap.6-Sec.09でトップページに固定ページを設定したため、投稿へのアクセスができなくなりました。投稿を表示する「お知らせ」ページを作成します。サイドバーも表示しますが、少し難しいので、ゆっくり操作してください。

サイドバーのテンプレートパーツを作成する

① ［外観］→［エディター］→［パターン］を
クリックします。■をクリックして❶、
［テンプレートパーツを作成］をクリックします❷。

サイドバーとは
サイドバーは、投稿記事の右側に表示される部分です。ブロックを使って、過去記事の一覧やカテゴリーなどを自由に追加できます。

② 「sideparts」と入力し❶、［生成］をクリックします❷。

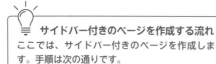
サイドバー付きのページを作成する流れ
ここでは、サイドバー付きのページを作成します。手順は次の通りです。
（1）サイドバー用のテンプレートパーツを作成
（2）「お知らせ」の固定ページを作成
（3）「お知らせ」のページに投稿が表示されるように設定
（4）テンプレートを編集

③ 画面左上の + をクリックし❶、［ブロック］タブの［検索］をクリックします❷。同様の方法で、［最近の投稿］［アーカイブ］［カレンダー］をクリックして追加します。

④ サイドバーに入れるテンプレートパーツを作成できました。右上の［保存］をクリックして保存します❶。左上のアイコンを2回クリックして戻ります❷。

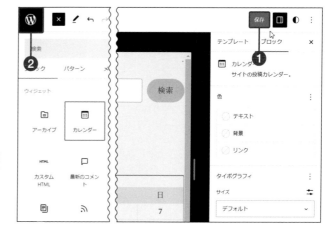

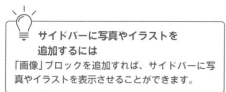

サイドバーに写真やイラストを追加するには
「画像」ブロックを追加すれば、サイドバーに写真やイラストを表示させることができます。

「お知らせ」のページを作成する

① P.60の方法で、「お知らせ」というタイトルの固定ページを作成します。URLを英字にし❶、［公開］をクリックして公開します❷。

投稿を表示するページ
ここでは、投稿を表示する固定ページを「お知らせ」というタイトルで作成します。作成した直後は手順1のテンプレートが「固定ページ」になっていますが、手順2で「ブログホーム」テンプレートに変わります。

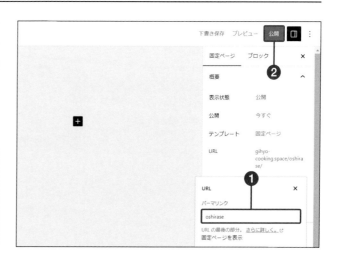

(2) 「お知らせ」のページを公開した状態で[設定]をクリックし❶、[表示設定]をクリックします❷。[投稿ページ]の⌄をクリックし❸、[お知らせ]を選択します❹。[変更を保存]をクリックします❺。

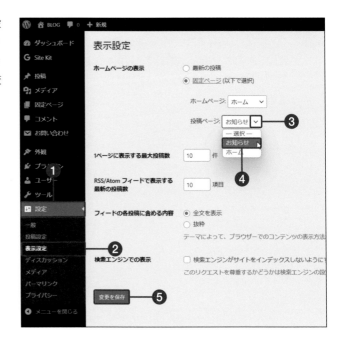

「ブログホーム」テンプレートを編集する

(1) [外観]→[エディター]→[テンプレート]→「ブログホーム」のテンプレートをクリックして❶、テンプレートを開きます。

(2) [リスト表示]をクリックし❶、[グループ]の⟩をクリックして展開します❷。見出しをクリックし❸、⋮をクリックして❹、[削除]をクリックします❺。

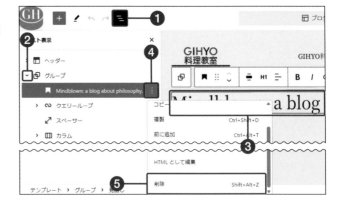

[リスト表示] で、[グループ] の > をクリックし、[カラム] の > をクリックします。上の [カラム] をクリックし①、⋮ をクリックして②、[削除] をクリックします③。

💡 **不要なブロックを削除する**
下部にある「何かおすすめの本はありますか？」と「お問い合わせ」のボタンは不要なので、カラムごと削除します。

④ [リスト表示] で [クエリーループ] の > をクリックし、[投稿テンプレート] をクリックします①。ブロックツールバーの [リスト表示] をクリックして②、投稿を1列にします。

⑤ アイキャッチ画像をクリックします①。設定サイドバーの [ブロック] タブで [スタイル] をクリックして②、[高さ] を「300」に設定し③、[縮尺] の [余白あり] をクリックします④。

💡 **アイキャッチ画像が大きすぎる**
デフォルトのアイキャッチ画像は横幅いっぱいになっているので、[縮尺] で [余白あり] に変更します。なお、投稿を公開していないとここでの操作はできません。

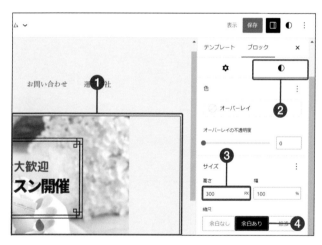

⑥ [「続きを読む」リンクのテキストを追加] をクリックし、「続きを読む」と入力します①。

💡 **「続きを読む」とは**
投稿の一覧には、投稿内容の冒頭のみが表示されています。「続きを読む」をクリックすると、投稿の続きが表示されます。文面は、「この記事を読む」「この記事の続きを読む」など工夫してください。

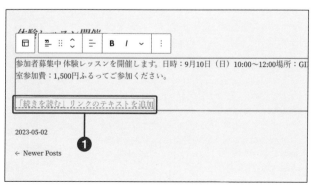

⑦ [リスト表示] で [グループ] をクリック
します❶。ブロックツールバーの [グ
ループ] をクリックして❷、[カラム] を
クリックしてカラムに変更します❸。

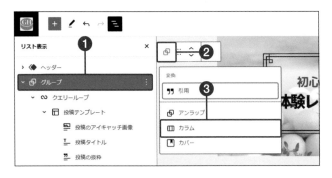

⑧ 設定サイドバーで、[カラム] を「2」に設
定します❶。

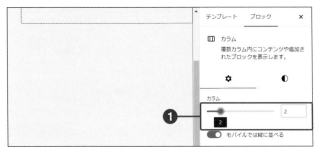

⑨ 右側のブロックの⊞をクリックし❶、
[検索] ボックスに「side」と入力し❷、
先ほど作成したテンプレートパーツ
[sideparts] をクリックします❸。

画面が狭い
[リスト表示] を表示していると画面が狭くなる
ので、⊠をクリックして非表示にしてから操作し
てください。

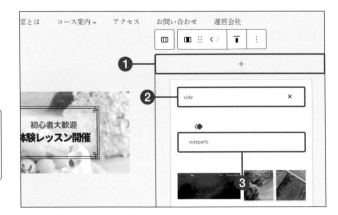

⑩ [リスト表示] で、左側の [カラム] をク
リックします❶。設定ツールバーの [ブ
ロック] タブの [設定] にある [幅] に、
「70」%と入力します❷。左側のカラム
の幅が、横幅に対して70%になります。

好みのレイアウトにしたい
フルサイト編集は、コードを使わずに自由にレ
イアウトを作成できる機能です。ここではわか
りやすいように最小限の設定にしていますが、
操作に慣れてきたら、好みに合わせてレイアウ
トを編集してください。

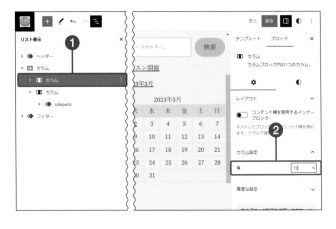

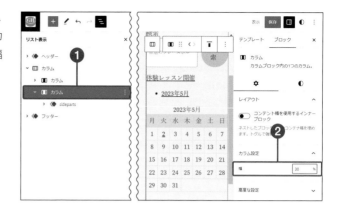

⑪ 同様に右側の［カラム］を選択して❶、設定ツールバーの［幅］に「30」%と入力します❷。右側のカラムの幅が、横幅に対して30%になります。

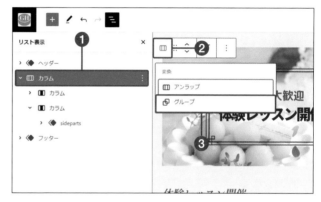

⑫ ［リスト表示］で、一番上の［カラム］をクリックしてカラム全体を選択します❶。ブロックツールバーの［カラム］をクリックし❷、［グループ］をクリックしてグループに戻します❸。

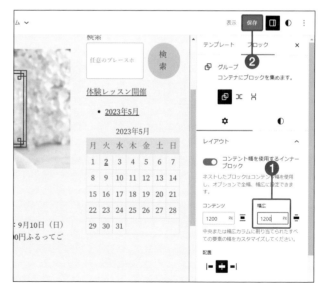

⑬ 設定サイドバーの［幅広］に、「1200」と入力します❶。右上の［保存］をクリックして保存します❷。

横幅を調整する
デフォルトでは追加した投稿とサイドバーが横幅いっぱいに表示されるので、グループ化してから［幅広］に横幅の値を入力します。

投稿日の書式を変更したい

日付をクリックして、設定サイドバーの［デフォルトの書式］をオフにすると、日付の書式を変更できます。

「個別投稿」テンプレートを編集する

P.208の手順1で [個別投稿] をクリックし❶、「個別投稿」テンプレートを指定して開きます。

> 💡 **「個別投稿」テンプレート**
> 各投稿にサイドバーを設置する場合は、「個別投稿」のテンプレートを編集します。

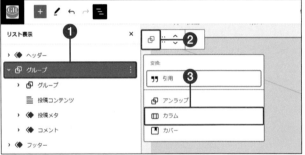
[リスト表示] で、一番上の [グループ] をクリックします❶。ブロックツールバーの [グループ] をクリックし❷、[カラム] をクリックします❸。

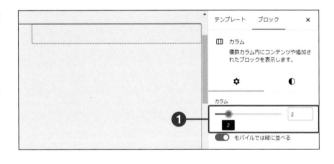
設定サイドバーで、[カラム] を「2」に設定します❶。以降、「ブログホーム」テンプレートの編集手順9〜13の操作を行います。完成したらP.182を参考に、ナビゲーションメニューに「お知らせ」ページを追加してください。

> 💡 **「アーカイブ」テンプレート**
> 「アーカイブ」テンプレートは、サイドバーにあるカテゴリーやカレンダーをクリックした際に表示される画面です。「ブログホーム」テンプレートと同様、「アーカイブ」テンプレートにもサイドバーを追加してください。

Chapter

7

Webサイトを
運用・管理しよう

この章では、Webサイトの運用と管理について説明します。検索サイトの上位に表示されるように工夫したり、アクセス解析の結果を見て内容を改善したりしながら、多くの人に見てもらえるようにしましょう。また、万が一に備えて、定期的にバックアップを取ることも必要です。

アクセス解析やバックアップなどで
サイトを管理しよう

Webサイトは公開したら完成というものではありません。常に最新の状態を保ち、魅力的なものにすることが重要です。また、アクセス解析ツールを使用して、訪問者の動向を把握し、サイトを改善することも必要です。

SEO対策をする

Webサイトを作成して公開しただけでは、多くの人に見てもらうことはできません。検索サイトで上位に表示されるサイトは、上位に表示されるためのSEO対策を施しています。SEO対策にはさまざまな方法がありますが、まずは基本的な対策から始めましょう。

● Google Search Consoleに登録する

● アクセス解析ツール

> **SEOとは**
> SEOは、Search Engine Optimizationの略で「検索エンジン最適化」という意味です。Webサイトを検索結果の上位に表示させるために改善することをSEO対策と言います。

サイトが正常に表示されるように管理する

WordPressでは、複数のプラグインを入れたために正常に表示されなかったり、サイトを修正しているうちにレイアウトが崩れたりすることがあります。いざというときのために、バックアップをとっておきましょう。

● プラグインの確認

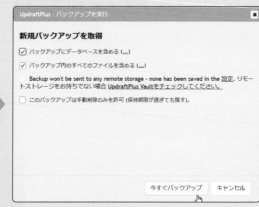

● バックアップと復元を行う

スマホやタブレットからも投稿する

WordPressでは、スマホやタブレットからも投稿することができます。細かい作業にはパソコンが必要ですが、投稿や修正はスマホやタブレットでも可能です。外出先から投稿したいときや修正したい場合に備え、使い方を覚えておきましょう。

● スマホから投稿する

検索エンジンに
検索してもらえるようにしよう

検索サイトの情報を集めるために、クローラーというロボットがネット上を巡回しています。できるだけ早くクローラーに来てもらい、サイト内容を正確に把握してもらうことが検索結果の上位に入る秘訣です。

Google Search Consoleを利用する

① メインナビゲーションの［設定］をクリックし❶、［表示設定］をクリックします❷。［検索エンジンがサイトをインデックスしないようにする］のチェックが外れていることを確認します❸。

💡 **「検索エンジンがサイトをインデックスしないようにする」とは**
インデックスとは、検索エンジンのデータベースへの登録のことです。チェックがついていると、クローラーが巡回してきたときにWebページの情報が登録されず、検索サイトにも掲載されないことがあります。チェックが外れていることを確認してください。

② 画面左上の［Site Kit］をクリックし❶、［Google アナリティクスを、設定の一部として接続しましょう。］にチェックをつけて❷、［Google アカウントでログイン］をクリックします❸。

💡 **「Site Kit」とは**
「Site Kit」は、Googleのサービスを簡単に連携できるGoogle公式のWordPressプラグインです。アクセス解析の「Google アナリティクス」や広告収入の「Google アドセンス」などのサービスを、WordPressの画面上で確認できます。メインナビゲーションに「Site Kit」が表示されていない場合は、P.200を参考に「Site Kit by Google」をインストールしてください。インストール後、［有効化］します。

Google アカウントでログインします。

💡 **Google アカウント**
Google のサービスを利用するには、Google アカウントが必要です。まだ取得していない場合は、手順3で［アカウントを作成］をクリックして作成してください。

 ［すべて選択］をクリックしてチェックをつけて❶、下部の［続行］をクリックします❷。

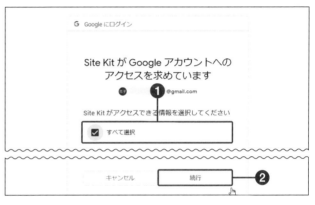

 ［確認］をクリックします❶。

💡 **サイトの所有権とは**
手順5は、実際にそのサイトの所有者であるかどうかを Google が確認するためのものです。本来はファイルの転送またはコードの貼り付けが必要ですが、「Site Kit」プラグインを使うことで簡単に所有権の確認ができるようになっています。

 ［許可］をクリックします❶。

💡 **Google Search Console とは**
Google の検索結果で表示されるサイトの順位を上げるためのサービスです。本書では設定のみですが、Google Search Console の画面では、インデックスに登録されなかったページやその理由が表示されるので、改善することで検索サイト上位表示の対策ができます。

⑦ [セットアップ] をクリックします❶。

⑧ [次へ] をクリックすると❶、Google との連携が完了します。

⑨ [Site Kit] の [設定] をクリックすると❶、Search Console に「接続済」と表示され、連携が完了したことがわかります❷。

Google との連携を解除するには

Google との連携を解除したい場合は、[Site Kit] → [設定] をクリックし、[管理者設定] タブで [Site Kit をリセット] をクリックします。

XML サイトマップを送信する

 P.200の方法でプラグイン「XML Sitemap Generator for Google」をインストールして、有効化します❶。

「XML Sitemap Generator for Google」とは

XMLサイトマップを作成してくれるプラグインです。インストールして有効化すれば、XMLサイトマップが作成され、Google Search Consoleにも登録できます。

 [Site Kit] → [設定] → [Search Console] をクリックし❶、[Google Search Consoleで詳細全体を表示] をクリックします❷。

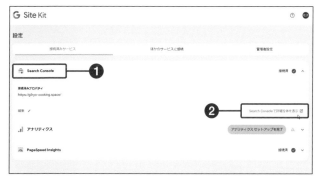 Google Search Consoleにアクセスしたら、左側で [サイトマップ] をクリックし❶、[新しいサイトマップの追加] に「sitemap.xml」と入力し❷、[送信] をクリックします❸。

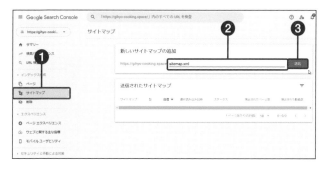 少し待つと「成功しました」と表示されます❶。

XMLサイトマップとは

XMLサイトマップは、サイト内にどのようなページがあるかをリストにしたものです。XMLサイトマップをGoogle Search Consoleに登録することで、クローラーがサイト内のページを把握しやすくなります。

アクセス解析ツールを
利用しよう

アクセス解析ツールを使うと、「何日に何人来たのか」「どのページに興味があるのか」「どこの地域の人か」といった情報がわかります。それらを分析し、サイトの内容を改善すれば、集客アップにつながります。

Googleアナリティクスを使用する

① [Site Kit]をクリックし❶、[設定]をクリックします❷。[アナリティクスセットアップを完了]をクリックします❸。

Googleアナリティクスとは
Googleアナリティクスは、Googleが提供する無料のアクセス解析ツールです。ユーザー層やページ閲覧数などが表示されるので、それらを分析してサイトの内容を改善することで、アクセスアップにつなげることができます。そのためには、Googleアナリティクスアカウントの作成が必要です。

② [アカウント]の▽をクリックし❶、サイトを選択します。[アナリティクスの構成]をクリックします❷。

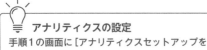

アナリティクスの設定
手順1の画面に[アナリティクスセットアップを完了]が見つからない場合は、[ほかのサービスに接続]タブをクリックし、[アナリティクスのセットアップ]をクリックします。

③ ［続行］をクリックします❶。

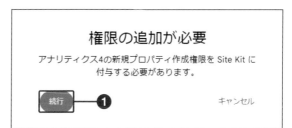

④ Googleアカウントにログインします。

⑤ ［続行］をクリックします❶。

⑥ Googleアナリティクスの設定が完了しました。

WordPress上でデータを分析する

① [Site Kit]をクリックすると❶、統計データが表示されます。

> 💡 **Googleアナリティクスの画面で分析する**
> WordPress上に表示されるのは、簡易的なアクセス解析です。詳細なデータを見たい場合は、Googleアナリティクス (https://analytics.google.com/analytics/) にアクセスします。データを分析し、Webサイトの内容を改善してアクセスを増やしてください。

② アクセス数のグラフが表示されます。右上で期間を指定できます。

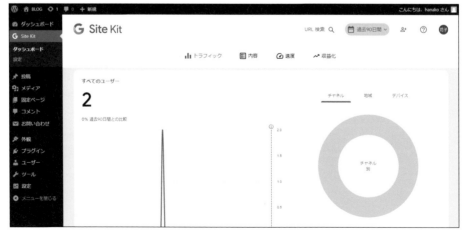

③ スクロールすると、「どのキーワードで検索して来たのか」がわかります。

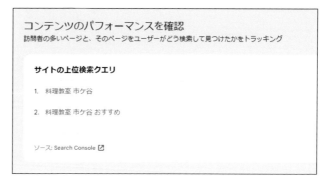

④ また、「どのページへのアクセスが多いのか」がわかります。

Googleアナリティクスの画面でデータを分析する

本書では、WordPress上での解析方法を紹介しますが、[Site Kit]の[設定]をクリックし、[アナリティクス]をクリックして、[アナリティクスで詳細全体を表示]をクリックすると、Googleアナリティクスの画面にアクセスできます。2023年7月1日に完全移行したGoogleアナリティクス4では、従来のアナリティクスよりも詳細にユーザーの動向を把握できます。アクセス解析はマーケティングやアフィリエイトに欠かせないので、一通りの操作に慣れたら試してみてください。

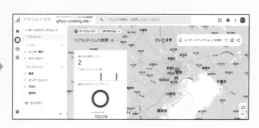

その他の連携サービス

[Site Kit]をクリックし、[速度]をクリックすると、「PageSpeed Insights」によって、Webページの読み込み速度スコアを見ることができます。他にも、[Site Kit]→[設定]をクリックし、[ほかのサービスに接続]タブで「Googleアドセンス」や「タグマネージャー」との連携も可能です。

プラグインの管理をしよう

　足りない機能を追加できるプラグインですが、たくさん使用しているとサイトの動作が不安定になることがあります。使用していないプラグインを削除したり、更新の通知があれば早めに更新するようにしてください。

プラグインを停止する

① ［プラグイン］をクリックし❶、停止するプラグインの［無効化］をクリックします❷。

プラグイン一覧
プラグインの一覧では、有効化（使用）しているプラグインは水色の背景で、無効化しているプラグインは白の背景で表示されます。

② プラグインが無効になり、白い背景になりました❶。

プラグインの更新頻度を確認する
P.245の手順2の画面に、プラグインの最終更新日が表示されています。しばらく更新されていないプラグインは、脆弱性に注意してください。

プラグインを削除する

 プラグインの[削除]をクリックします**❶**。

💡 **プラグインの削除**
他のプラグインと競合して動作に影響を及ぼすこともあるので、使用していないプラグインは削除しましょう。ただし、いったんプラグインを削除すると1から設定し直すことになります。複雑な設定が必要なプラグインの場合は、元に戻すまでに時間がかかるので慎重に削除してください。

② [OK]をクリックします**❶**。

プラグインを更新する

① [プラグイン]をクリックし**❶**、更新の表示が出ているプラグインの[更新]をクリックします**❷**。

💡 **使用しているプラグインを削除するには**
現在使用しているプラグインを削除する場合は、[無効化]をクリックしてから削除してください。

② プラグインが更新されました**❶**。

💡 **デフォルトでインストールされているプラグイン**
「Akismet Anti-Spam」「Hello Dolly」といった、WordPressにはじめからインストールされているプラグインもあります。「Hello Dolly」は、管理画面右上にルイ・アームストロングの楽曲の歌詞が表示されるだけのプラグインなので、削除してかまいません。

サイト管理者を追加しよう

企業や店舗のサイトの場合、複数人で記事を投稿することもあるでしょう。その場合は、
WordPressにログインするアカウントを別途作成してください。役割を分担することもできます。

ユーザーを追加する

① サイドメニューの［ユーザー］をクリックし❶、［新規追加］をクリックします❷。

② 追加するユーザーのユーザー名やメールアドレスなどを半角英数字で入力し❶、パスワードを設定します❷。

💡 **追加したユーザーに通知する**
手順3の画面にある［新規ユーザーにアカウントに関するメールを送信します］にチェックをつけると、追加したユーザーのメールアドレス宛にユーザー名やパスワードが送信されます。

③ [権限グループ] を設定し❶、[新規ユーザーを追加] をクリックします❷。

💡 権限グループ

WordPressでは、下記のような権限をユーザーに設定できます。WordPressをインストールしたユーザーには、「管理者」が設定されています。

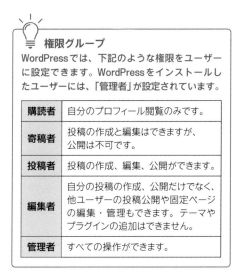

購読者	自分のプロフィール閲覧のみです。
寄稿者	投稿の作成と編集はできますが、公開は不可です。
投稿者	投稿の作成、編集、公開ができます。
編集者	自分の投稿の作成、公開だけでなく、他ユーザーの投稿公開や固定ページの編集・管理もできます。テーマやプラグインの追加はできません。
管理者	すべての操作ができます。

別のユーザー名でログインする

① WordPressから一度ログアウトし、ログイン画面を表示します。先ほど設定したユーザー名とパスワードを入力して、ログインします❶。

② 別のユーザーとしてログインできました❶。

💡 追加したユーザーを確認するには
メインナビゲーションの [ユーザー] をクリックすると、追加したユーザーを確認できます。

05

スマートフォンやタブレットから
投稿しよう

WordPressのメリットはいくつもありますが、ネット環境があればいつでもどこでも投稿できるのは大きな
メリットです。スマホやタブレットのブラウザでログインして投稿できる他、専用アプリもあります。

「WordPress-サイトビルダー」アプリをインストールする

① スマートフォンで「WordPress-サイト
ビルダー」アプリを検索し❶、［入手］を
タップしてインストールします❷。

> 💡 「WordPress-サイトビルダー」
> アプリとは
> WordPress.comの運営会社「Automattic」が提供
> しているWordPress用のアプリです。iPhoneの
> 場合はApp Storeから、Androidの場合はPlayス
> トアからインストールして無料で利用できます。

② アイコンをタップして起動します❶。

3 ［既存のサイトアドレスを入力］をタップします❶。

4 Webサイトのアドレスを入力し❶、［次へ］をタップします❷。

5 ユーザー名とパスワードを入力し❶、［次へ］をタップします❷。最後に［完了］をクリックします。

💡 **ログイン情報**
ログイン時に入力するユーザー名とパスワードは、パソコンでWordPressにログインするときのものと同じです。忘れた場合は、手順5で［パスワードをリセット］をタップして再設定ができます。新しいパスワードは、次回以降使うことになるので忘れないようにしましょう。

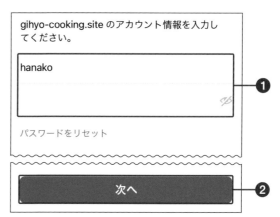

6 WordPressにログインできました。

① 右下の［投稿］アイコンをタップします❶。

② ［ブログ投稿］をタップします❶。

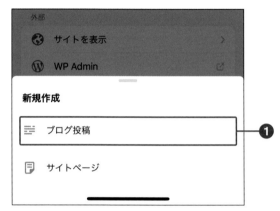

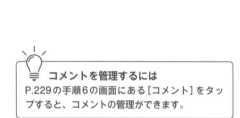
💡 **コメントを管理するには**
P.229の手順6の画面にある［コメント］をタップすると、コメントの管理ができます。

③ ブログ記事のタイトルを入力します❶。

④ ボックスをクリックして、文章を入力します❶。下部のボタンを使って、太字や斜体、リンクの設定などができます❷。

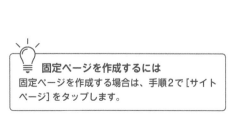
💡 **固定ページを作成するには**
固定ページを作成する場合は、手順2で［サイトページ］をタップします。

⑤ 左下の⊕をタップします❶。

⑥ ブロックを選択して追加できます❶。

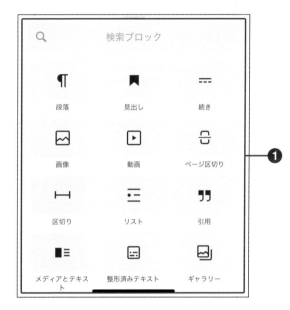

> 💡 **プレビューと下書き保存**
> 手順3で、右上の⋯をタップし、[下書きとして
> 保存]（Androidの場合は[保存]）をタップして保
> 存できます。また[プレビュー]をタップすると、
> 事前確認ができます。パソコンから開いて再編
> 集することもできるので、スマホで途中まで入力
> し、パソコンで見直し、公開することが可能です。

投稿を公開する

① [公開]をタップします❶。

② [今すぐ公開]をタップすると公開され
ます❶。

メディアライブラリで写真や動画を確認しよう

アップロードした画像や動画は、メディアライブラリで確認ができます。すぐに投稿したいときは、事前にまとめてアップロードしておきましょう。また、画像のトリミングや回転の編集も可能です。

メディアライブラリを確認する

(1) [メディア]をクリックすると❶、アップロードした画像や動画が表示されます。編集したい画像をクリックします❷。

(2) 画像のファイル名や、アップロード先が表示されます。画像をクリックし❶、[画像を編集]をクリックします❷。

💡 **メディアライブラリ**

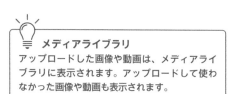

アップロードした画像や動画は、メディアライブラリに表示されます。アップロードして使わなかった画像や動画も表示されます。

✏️ **メディアの一覧表示**

手順1の画面で圓をクリックすると、投稿者やアップロード先を一覧表示することができます。

③ 画像の切り抜きや、回転ができます❶。

画像をアップロードする

① [新規追加]をクリックします❶。

💡 **画像のアップロード**
サイトに使用したい画像をメディアライブラリ
にアップロードしておけば、ページ作成の際に
すぐに画像を追加できます。

② [ファイルを選択]をクリックし❶、画
像を追加できます。

💡 **メディアライブラリでの画像の削除**
メディアライブラリで画像を削除することもでき
ます。ただし、完全に削除されるので注意が必要
です。ロゴやサイトアイコンは「アップロード先」
が表示されていませんが、削除しないように注意
してください。

ホームページのバックアップと
復元について知ろう

サーバーのトラブルや悪意のある攻撃でデータが消失するといった事態を想定して、定期的にデータのバックアップを取っておきましょう。バックアップデータがあれば、万が一のことがあっても復旧することができます。

「UpdraftPlus WordPress Backup Plugin」でバックアップを取る

① P.200の方法で「updraftplus」を検索し、インストールします。[有効化]をクリックします❶。

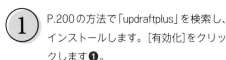

② [設定] をクリックし❶、[UpdraftPlus バックアップ] をクリックします❷。

💡 「UpdraftPlus WordPress Backup Plugin」とは

WordPressでは、プラグインの「UpdraftPlus WordPress Backup Plugin」を使うと、簡単にバックアップを取ることができます。サイトのテーマのみ、プラグインのみなど、必要なデータを選択してバックアップすることも可能です。

✏️ レンタルサーバーのバックアップを利用する

レンタルサーバーによっては、バックアップサービスが用意されているものがあります。有料の場合もありますが、確実に保管しておきたい場合は利用するとよいでしょう。

③ ［今すぐバックアップ］をクリックします**①**。

④ ［今すぐバックアップ］をクリックします**①**。バックアップが始まります。

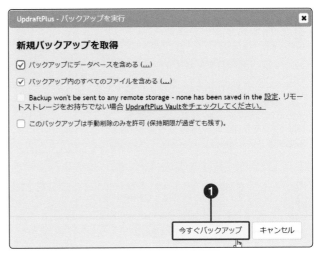

⑤ バックアップが完了すると「バックアップは成功し完了しました。」と表示され**①**、画面下部にバックアップした日時が表示されます**②**。

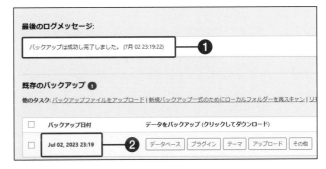

✏️ 自動でバックアップを取るには

手順3の画面で［設定］タブをクリックし、［ファイルバックアップのスケジュール］を「月」ごとなどにして［変更を保存］をクリックします。［保存しておく数］はバックアップファイルの数のことで、「2」にしておけば十分です。

データを復元する

① [設定]をクリックし❶、[UpdraftPlus バックアップ]をクリックします❷。画面を下にスクロールして[復元]をクリックします❸。

② 復元したい項目にチェックをつけて❶、[次へ]をクリックします❷。次の画面で、[復元]をクリックします。

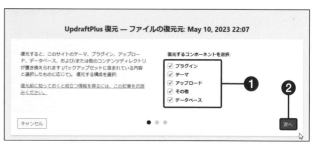

💡 **画像や記事の復元**
たとえば、画像や動画を復元したい場合は、手順2で[アップロード]にチェックをつけます。記事を復元する場合は、[データベース]を選択してください。

③ 復元が完了すると「Restore successful!」と表示されます❶。[UpdraftPlus設定に戻る]をクリックします❷。

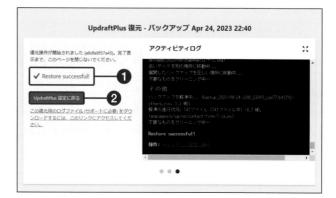

💡 **バックアップデータの保存先**
バックアップしたデータは、サーバー上に保存されます。万が一に備えてパソコンにダウンロードすることも可能です。その場合は手順1の画面で[データベース]をクリックし、[お使いのコンピュータにダウンロード]をクリックして保存します。アップロードする際は、[バックアップファイルをアップロード]をクリックしてください。

WordPress
困ったときのFAQ

WordPressを使っているうちに、わからないことや困ったことが出てくることもあります。このChapterでは、よくある質問や疑問点をピックアップしたので、一通り読んでおけば、その都度調べる必要がなくなります。

WordPressのパスワードと
ユーザー名を忘れた！

WordPressサイトの管理画面にログインしようとしたら、パスワードを忘れて入れないということがあるかもしれません。そのようなときは、新しいパスワードを取得してログインできます。

新しいパスワードを作成する

① ログインページ（https://○○○○○/wp-login.php）にアクセスし、[パスワードをお忘れですか？] をクリックします❶。

💡 ユーザー名を忘れた場合
ユーザー名を忘れた場合は、メールアドレスでログインしてください。ログイン後、メインナビゲーションの [ユーザー] をクリックするとユーザー名を確認できます。また、手順2の後に届くメールにも記載されています。

② ユーザー名を入力し❶、[新しいパスワードを取得] をクリックします❷。登録しているメールアドレス宛に届いたメール内のリンクをクリックし、新しいパスワードを入力して [パスワードを生成] をクリックします。

💡 パスワードの設定
新しいパスワードを入力する際、強固なパスワードにした方が安心です。簡単なパスワードも設定できますが、セキュリティ上避けた方が無難です。

02

WordPressの管理画面の URLがわからなくなった!

WordPressを始めたばかりの人は、どこから入ればよいのかわからなくなることがあります。
仮にサイトのアドレスを忘れた場合でも確認する方法があるので安心してください。

ログイン画面を表示する

1 自分のサイトにアクセスします。アドレスの末尾に「/wp-admin」「/wp-login.php」「/admin」「/login」のいずれかを入力し❶、アクセスします。

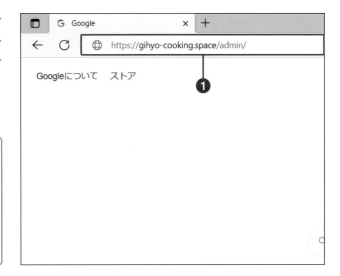

💡 **ログイン画面のアドレス**
通常はサイトのアドレスに「/wp-admin」「/wp-login.php」を入力してアクセスすると、ログイン画面が表示されます。「/admin」「/login」でも可能です。また、WordPressをインストールしたときに届いた「新しいWordPressサイト」というタイトルのメールにログイン先のURLが記載されています。

2 ログイン画面が表示されます。

💡 **サイトのアドレスを忘れた**
サイトのアドレスがわからなくなった場合は、ブラウザの履歴を見るか、レンタルサーバーの管理画面で確認しましょう。また、WordPressをインストールしたときに送られてきたメールにもURLが記載されています。

突然ページにアクセス
できなくなった！

サイトにアクセスしても、まれにページが表示されないことがあります。
原因はさまざまですが、よくあるのがインターネットの接続が安定していない場合です。

レンタルサーバーの障害情報を確認する

① まずは、他のサイトにアクセスできるか試してください。また、パソコンの画面のインターネット接続のアイコンが接続状態になっているかどうか確認します**①**。

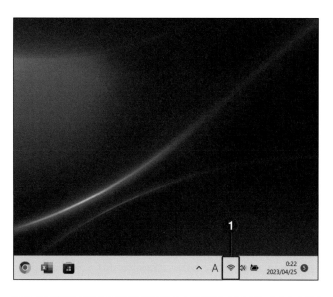

> 💡 **サイトにアクセスできなくなったとき**
> まずは他のサイトにアクセスしてみて、インターネットにつながっているかを確認します。また、スマホやタブレットで同じ回線を使っている場合は、それらを使ってアクセスできるか試してください。レンタルサーバーの不具合やメンテナンス中でないかも確認しましょう。

② レンタルサーバーの管理画面にアクセスし、[障害情報] を確認します**①**。

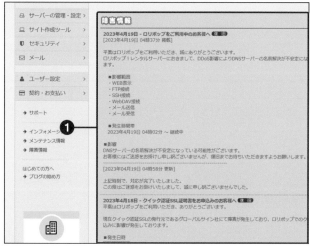

> 💡 **レンタルサーバーの契約期間を確認する**
> 試用期間や更新期間が過ぎてもレンタルサーバーの使用料の支払いがない場合はサイトが表示されず、WordPressの管理画面にも入れなくなります。ロリポップ！の場合は、管理画面の[契約・お支払い] をクリックして、契約期間と入金状況を確認してください。

Section

04

以前のバージョンの投稿画面に戻すことはできる？

ブロックエディターは、WordPress5.0から追加されたエディターです。初心者にも操作しやすくて便利なのですが、中にはブロックエディターが使いづらいと感じる人もいるでしょう。対処法を紹介します。

「Classic Editor」プラグインを使用する

 「Classic Editor」プラグインをインストールし、[有効化] をクリックします❶。

💡 **「Classic Editor」プラグイン**

ブロックを使って作成するブロックエディターは、WordPress5.0から追加されたエディターです。便利なのですが、これまでWordPressを使用していた人は不便に感じるときがあります。従来のWordPressのように使うには、「クラシック」ブロックを使う方法（P.145参照）もありますが、WordPressチームがメンテナンスしている「Classic Editor」を使うと、以前と同じように使えます。設定画面で、クラシックエディターとブロックエディターを切り替えることも可能です。

 投稿する際に、従来の編集画面を使えます。

以前のバージョンで作ったページは編集できる?

　本書ではWordPress5.0以降を対象として解説していますが、それ以前のバージョンで作成したサイトも編集できます。古いバージョンで作成したサイトであっても、WordPress本体やプラグインは更新しましょう。

旧バージョンのサイトを編集する場合

 新しいテーマを検討します。

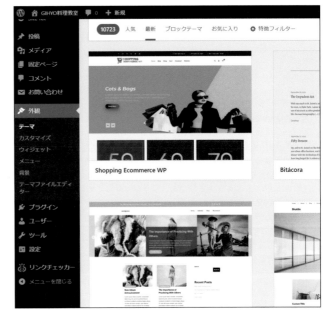

旧バージョンで作成したサイト

基本的には旧バージョンで作成したサイトも、WordPress5.0以降で編集可能です。その際も、WordPressを最新の状態にした方が、セキュリティ面で安心です。万が一編集できないページがある場合は、使用しているテーマがWordPress5.0以降に非対応なのかもしれません。更新を待つか別のテーマに切り替えるなどで対応してください。

 P.234の方法で、バックアップを取ります❶。

サイト管理のポイント

WordPressは常に改良されています。安定したサイト運営を続けるために、WordPress本体、テーマ、プラグインの更新を忘れないようにしましょう。また、プラグインまたはレンタルサーバーのバックアップ機能を使って、定期的にデータのバックアップを取ることも忘れないでください。

検索しても自分のホームページが出てこない！

完成したサイトをたくさんの人に見てもらうには、検索サイトに掲載される必要があります。ですが、すぐには検索結果に表示されません。何もしないで待っていても時間がかかるので、ひとまず対策を施しましょう。

検索エンジンのインデックス設定を確認する

① メインナビゲーションの［設定］→［表示設定］❶の、［検索エンジンがサイトをインデックスしないようにする］のチェックを外して❷、［変更を保存］をクリックします❸。

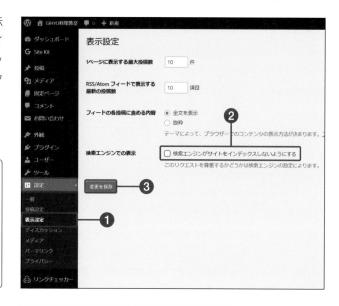

> 💡 「検索エンジンがサイトを
> インデックスしないようにする」とは
> P.216でも説明しましたが、［検索エンジンがサイトをインデックスしないようにする］にチェックがついていると検索結果に掲載されづらいです。公開前のサイトや検索結果に載せたくない場合はチェックをつけますが、サイトが完成した際には、チェックを外してください。

② P.216を参考にして「Google Search Console」に登録します。

> 💡 その他の対策
> その他の対策として、SNSとリンクさせる、他サイトにリンクしてもらうといったことも効果があります。

画像がアップロードできない!

写真を載せようとしたら、「ファイルをアップロードできない」という事態が起きた場合は、
何らかの原因があるはずです。再ログインや画像のファイルサイズを確認してください。

再ログインとプラグインを停止する

 別のブラウザでログインして試してみます❶。

 セキュリティ関連のプラグインをいったん無効化します❶。

💡 画像をアップロードできない原因
画像をアップロードできない場合は、いったんログアウトして、再ログインしてみましょう。別のブラウザでログインすると解決する場合もあります。高画質でサイズが大きい画像はアップロードできない場合があるので、圧縮してからアップロードしましょう。また、セキュリティ関連のプラグインが原因ということもあるので、いったん無効化して画像をアップロードしてみてください。

プラグインの不具合が起きた！

WordPressを便利に使うために、プラグインの使用は欠かせません。
ただし、更新が滞っているプラグインを使うと不具合が生じることもあります。

プラグインの更新情報を確認する

1 [プラグイン]をクリックし❶、更新情報を確認したいプラグインの[詳細を表示]をクリックします❷。

2 最終更新日を確認できます❶。

プラグインの不具合

プラグインが正常に機能しない場合は、いったん無効化します。プラグインどうしが競合して不具合が生じることもあるので、すべてのプラグインを無効化して、1つずつ有効化してください。また、解説の手順で最終更新日を確認し、長期間更新されていないプラグインを使用している場合は、代わりのプラグインを探すことをおすすめします。もちろん、プラグインの更新メッセージが表示されているときはすぐに更新しましょう。

09

編集して公開したページが
反映されない！

「ページを編集して公開したのに、アクセスしてみたら変更されていない」ということがあります。
これはブラウザのキャッシュが残っていることが原因です。キャッシュを削除する方法を紹介します。

ブラウザのキャッシュを削除する

① Microsoft Edgeの画面右上にある⋯を
クリックし**❶**、[設定] をクリックしま
す**❷**。

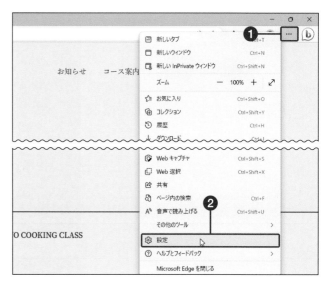

② [プライバシー、検索、サービス] → [今
すぐ閲覧データをクリア] の [クリアす
るデータの選択] をクリックした画面で、
[キャッシュされた画像とファイル] に
チェックをつけて**❶**、[今すぐクリア]
をクリックします**❷**。

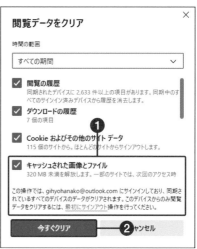

ブラウザのキャッシュ
ブラウザのキャッシュは、表示したWebページ
のデータを一時的に保存しておく機能です。再
度アクセスしたときに保存されているデータを
読み取るので、表示時間が短縮され、高速化に
つながります。このキャッシュがあるために、
編集前の状態が表示される場合があります。

③ Google Chromeの場合は、画面右上の⋮をクリックし、[その他のツール]→[閲覧履歴を消去]をクリックした画面で[キャッシュされた画像とファイル]にチェックをつけて ❶、[データを削除]をクリックします ❷。

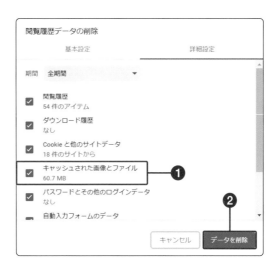

プラグインでキャッシュを削除する

① 「WP Fastest Cache」をインストールし、[有効化]をクリックします ❶。

 「WP Fastest Cache」プラグイン
「WP Fastest Cache」プラグインは、キャッシュを利用してページの表示速度を高速化するプラグインです。このプラグインを使うと、WordPressやブラウザ内のキャッシュを簡単に削除できます。

② 上部の[キャッシュを削除する]をクリックし ❶、[すべてのキャッシュを消去]と[キャッシュと縮小したCSS/JSを削除する]をクリックします ❷。

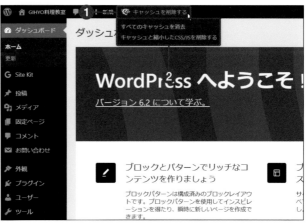

10

「http〜」から「https〜」へ
リダイレクトさせたい！

P.32でSSLを設定しましたが、「http://」から自動的に「https://」に移行させるには
少し高度な設定が必要です。プラグインを使うと簡単にできるので、紹介します。

「Really Simple SSL」プラグインを使用する

① 「Really Simple SSL」をインストールし、[有効化]をクリックします ❶。

💡 Really Simple SSLとは
「Really Simple SSL」は、「http://」から「https://」へのリダイレクトを簡単に実現できるプラグインです。サイトのセキュリティを強化するためのチェック機能もあります。

② [SSL を有効化]（英語の場合は [Activate SSL]）をクリックします ❶。

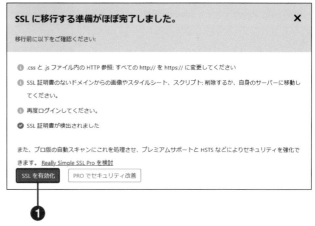

💡 SSL化の設定
P.42では、サイトのアドレスを「https://」に変更しましたが、「http://〜」のアドレスにもアクセスできてしまいます。そこで「http://〜」にアクセスすると、自動的に「https://」に移行するように設定しましょう。本来難しい設定ですが、「Really Simple SSL」プラグインを使うと簡単にできます。

③ [スキップ] をクリックします❶。

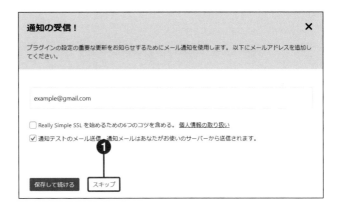

④ [管理画面へ] (英語の場合は [Go to Dash board]) をクリックします❶。

> 💡 **画面を閉じてしまった場合**
> 手順2で画面を閉じてしまった場合は、メインナビゲーションの [設定] → [SSL] をクリックし、[SSLを有効化] をクリックしてください。

⑤ 「http://」で始まるアドレスにアクセスします❶。

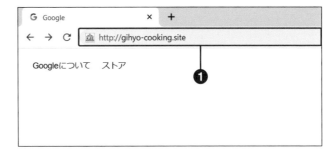

⑥ 自動的に「https://」のアドレスに移動するかどうかを確認します❶。

> 💡 **Really Simple SSL は削除しない**
> 「Really Simple SSL」を削除すると、リダイレクトが無効になってしまうので注意してください。無効化する場合は [無効化、HTTPSのままに] を選択して、httpに戻らないようにしましょう。なお、プラグインを使わない方法は、ロリポップ! の公式サイト (https://lolipop.jp/manual/hp/htaccess-08/) に載っているので、基本操作をマスターしたら試してください。

テーマの一部だけカスタマイズ
することは可能？

コードの知識がなくても操作できるのが、WordPressの魅力です。とはいえ、「もっとカスタマイズしたい」と思うことがあるかもしれません。そのようなときの対処法を説明します。

テーマファイルエディターを使用する

 ［ツール］をクリックし、［テーマファイルエディター］をクリックします❶。注意のメッセージが表示されたら、［理解しました］をクリックします。

> **テンプレートの編集**
> Chapter6で解説したように、フルサイト編集ではブロックを使ってテンプレートを編集できます。より細かく編集したい場合は、テーマファイルエディターでCSSやPHPファイルを開いてコードを入力します。

 右側のテーマファイル一覧から、CSSやPHPなどのファイルを開いて編集します。

> **テーマファイルエディターを使うときの注意**
> テーマファイルエディターでファイルを編集しても、テーマが更新されたときに上書きされて元の状態に戻ってしまう場合があります。そのため、通常は子テーマを作成して編集します。また、テーマファイルエディターではプレビューが表示されないので、知識がある人以外は触らない方が無難です。

Section

12

ホームページをはじめから
作り直したい！

本書の解説を読みながら、お試しでサイトを作った人もいるでしょう。あるいは、うまくいかず、作り直したいという場合があるかもしれません。もし1から作り直す場合は、プラグインを使うと簡単に初期化できます。

「Advanced WordPress Reset」プラグインを使用する

 「Advanced WordPress Reset」をインストールし、[有効化]をクリックします❶。

💡 **Advanced WordPress Reset**
WordPressを初期化して1からサイトを作成できるプラグインです。シンプルな画面で簡単に操作できます。有料版にすると、テーマのみあるいはプラグインのみ削除することも可能です。

② [ツール]をクリックし❶、[Advanced WP Reset]をクリックします❷。[Site reset]に「reset」と入力し❸、[Reset]をクリックすると❹、メッセージが表示され、[RESET NOW]をクリックすると消去されます。

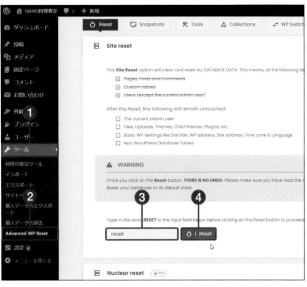

💡 **リセットするときの注意**
WordPressをリセットした場合、データベースが新規インストールされるので、これまでのデータがすべて失われます。元に戻すことができないので、必ずバックアップを取っておきましょう。

索引

桑名　由美（くわな　ゆみ）

著書に「ゼロからはじめるメルカリ売り買いをもっと楽しむ！ガイドブック」「スピードマスター1時間でわかるエクセル〜これだけ覚えれば仕事はカンペキ！」（技術評論社刊）など多数。2023年8月、合同会社ワイズベストを設立。書籍・Webメディアの執筆、SNS運用支援などを事業内容とする。

はつみ

独学でお菓子作りを始めて約15年。
独学だからこそ経験した山ほどの失敗を「なぜそうなるのか？」と追求したことを糧に公民館等でのレッスンや企業向けレシピの開発などを行う。ユーチューブやインスタグラム、レシピサイトなどでもスイーツレシピを発信中。
インスタグラムのフォロワーは10万人越え。

Instagram　●　@honeycafe8
YouTube　●　https://youtube.com/@Hatsumi_cake

お問い合わせについて

本書に関するご質問については、本書に記載されている内容に関するもののみとさせていただきます。本書の内容と関係のないご質問につきましては、一切お答えできませんので、あらかじめご了承ください。また、電話でのご質問は受け付けておりませんので、必ずFAXか書面にて下記までお送りください。

なお、ご質問の際には、必ず以下の項目を明記していただきますようお願いいたします。

❶ お名前
❷ 返信先の住所またはFAX番号
❸ 書名（今すぐ使えるかんたん　WordPress　やさしい入門 [6.x対応版]）
❹ 本書の該当ページ
❺ ご使用のOS
❻ ご質問内容

お送りいただいたご質問には、できる限り迅速にお答えできるよう努力いたしておりますが、場合によってはお答えするまでに時間がかかることがあります。また、回答の期日をご指定なさっても、ご希望にお応えできるとは限りません。あらかじめご了承くださいますよう、お願いいたします。

● 問い合わせ先

〒162-0846
東京都新宿区市谷左内町21-13　株式会社技術評論社　書籍編集部
「今すぐ使えるかんたん　WordPress　やさしい入門 [6.x対応版]」質問係

[FAX] 03-3513-6183
[URL] https://book.gihyo.jp/116

● お問い合わせの例

❶ お名前
技術　太郎

❷ 返信先の住所またはFAX番号
03 - ××××-××××

❸ 書名
今すぐ使えるかんたん
WordPress やさしい入門
[6.x対応版]

❹ 本書の該当ページ
34 ページ

❺ ご使用のOSとソフトウェアのバージョン
Windows 11
Microsoft Edge

❻ ご質問内容
ログイン画面が表示されない

FAX

※ ご質問の際に記載いただきました個人情報は、回答後速やかに破棄させていただきます。

今すぐ使えるかんたん
いま　つか
WordPress　やさしい入門
ワードプレス　　　　　　　　　　　　　　にゅうもん
[6.x対応版]
ろくてんえっくすたいおうばん

2023年10月11日　初 版　第1刷発行
2024年 6月29日　初 版　第2刷発行

著　者 ● 桑名 由美
　　　　くわな　ゆみ
発行者 ● 片岡 巌
発行所 ● 株式会社 技術評論社
　　　　　東京都新宿区市谷左内町21-13
　　　　　電話 03-3513-6150　販売促進部
　　　　　　　 03-3513-6166　書籍編集部
製本／印刷 ● 大日本印刷株式会社

装丁 ● 田邉 恵里香
カバーイラスト ● 山内 庸資
写真提供 ● はつみ
本文デザイン ● リブロワークス・デザイン室
本文イラスト ● (株)アット　イラスト工房
DTP ● 五野上 恵美
編集 ● 伊藤 鮎